高铝煤的催化气化

王永伟 编著

西北工業大學出版社

西 安

【内容简介】 本书基于煤催化气化和氧化铝提取相结合的技术思路，以孙家壕高铝煤为研究对象，利用热重分析仪和固定床煤气化反应装置等研究了 Na_2CO_3 催化高铝煤焦水蒸气气化特性，并与 K_2CO_3 对煤焦气化反应的催化作用进行了对比。同时研究了 Na_2CO_3 催化剂在高铝煤焦水蒸气气化过程中的失活规律。在此基础上，对水洗法回收 Na_2CO_3 催化剂及烧结法回收 Na_2CO_3 催化剂同时提取氧化铝的可行性进行了初步研究。本书不仅有助于高校学生、煤化工研究人员和煤化工工程技术人员理解相关的专业知识，而且有助于我国煤炭资源的资源化综合利用，可为煤化工工作者提供理论指导。

图书在版编目（CIP）数据

高铝煤的催化气化 / 王永伟编著. —西安：西北工业大学出版社，2023. 5

ISBN 978-7-5612-8732-3

Ⅰ. ①高… Ⅱ. ①王… Ⅲ. ①煤气化-研究 Ⅳ. ①TQ54

中国版本图书馆 CIP 数据核字（2023）第 098042 号

GAOLVMEI DE CUIHUA QIHUA

高铝煤的催化气化

王永伟 编著

责任编辑：孙倩

责任校对：张潼

出版发行：西北工业大学出版社

通信地址：西安市友谊西路 127 号 邮编：710072

电　　话：（029）88491757，88493844

网　　址：www. nwpup. com

印 刷 者：河南龙华印务有限公司

开　　本：710 mm×1 010 mm 1/16

印　　张：11. 25

字　　数：166 千字

版　　次：2023 年 5 月第 1 版 2023 年 5 月第 1 次印刷

书　　号：ISBN 978-7-5612-8732-3

定　　价：45. 00 元

PREFACE 前 言

我国铝土矿资源缺乏，但高铝煤资源丰富，其储量预测高达1 600亿吨。由高铝煤中伴生的铝资源生产氧化铝可以弥补铝土矿资源的短缺。高铝煤灰熔点高，有利于提高流化床催化气化的可操作性。但在催化气化过程中高铝煤中的铝容易和碱金属催化剂发生反应，导致催化剂失活，使得气化催化剂的回收率低。如果将高铝煤气化催化剂的回收与提取气化灰渣中的氧化铝结合起来，就可以有效地降低催化剂的回收成本，提高高铝煤催化气化的整体经济性。本书编著者比较系统地研究了高铝煤催化气化的特性及催化气化灰提取氧化铝的可行性。

本书共7章。第1章主要分析了各种煤催化气化及煤灰提取氧化铝的技术优缺点，第2章介绍了实验所用装置、实验方法及分析表征方法，第3章研究了 Na_2CO_3 催化高铝煤焦水蒸气气化特性，第4章研究了钙添加剂对 Na_2CO_3 催化高铝煤焦水蒸气气化反应性的影响，第5章比较了 Na_2CO_3 和 K_2CO_3 对高铝煤焦水蒸气气化的催化作用，第6章研究了采用水洗法回收 Na_2CO_3 催化剂的特性，第7章研究了采用烧结法回收 Na_2CO_3 催化剂和 Na_2CO_3 催化气化高铝煤灰提取氧化铝的特性。

本书撰写过程中得到了中国科学院山西煤炭化学研究所相关煤气化专家的指导和帮助，在此表示衷心的感谢。

由于编著者学识水平和能力有限，书中不可避免会存在一些不妥之处，恳请读者批评指正。

编著者

2022 年 12 月

CONTENTS

目　录

第1章

前　言

1.1 研究背景

能源是人类社会生存和发展的物质基础，对一个国家的经济发展、社会稳定和国家安全有极其重要的影响[1]。然而全球化石能源储量逐渐减少，《2022年世界能源统计报告》[2] 提出：全球石油储量为2 444亿吨，天然气储量为188.1万亿立方米，10 741.08亿吨。因此，全球能源形势十分严峻，亟需开发新能源和合理的能源利用方法。

《2022年世界能源统计报告》[2] 指出：我国2021年一次能源消耗占全世界26.50%，与2020年相比增加6.82%，是世界上最大的能源消费国家。我国2021年一次能源消耗结构如图1.1所示。从图1.1可以看出，煤炭仍然是我国最主要的一次能源，占一次能源消耗总量的54.66%。我国2021年煤炭产量比2020年增加了6.00%，占全世界煤炭总产量的50.80%。我国2021年煤炭消费比2020年仅增加4.90%，占全世界煤炭总消费量的53.80%。我国2021年天然气的消费量为3 787亿 m^3，较2020年增加了12.80%。因此，天然气的需求量急剧增大。然而我国在2021年天然气的生产量仅为2 092亿 m^3，表明我国的天然气市场供不应求。

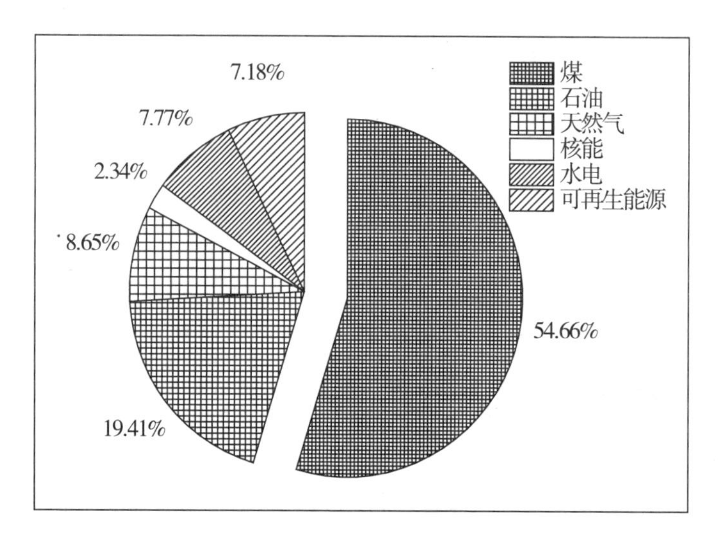

图 1.1　我国 2014 年一次能源消耗结构

天然气需求量的增加推动了煤制代用天然气（Synthetic or Substitute Natural Gas，SNG）的发展，而催化气化是生产 SNG 的最佳方法，因此由煤或生物质催化气化生产 SNG 受到了众多研究者的关注。中国的能源分布特点是富煤、缺油、少气，因此通过煤催化气化制备天然气成为当前研究的热点。

1.2　煤催化气化文献综述

煤的催化气化是一种研究较早的气化技术[3]，通过添加催化剂克服了传统煤气化苛刻的气化条件。煤的催化气化反应是气固相反应，其中煤为固相，气化剂呈气态，按一定的比例将催化剂添加到煤中，混合均匀，气化过程中催化剂在煤表面的侵蚀刻槽作用使得煤和气化剂接触更加充分，从而加快气化反应。相对于传统煤气化技术，催化气化主要具有如下优点：①降低煤气化反应的温度；②提高煤气化反应速率；③改善煤气化气体产物的组成，可以提高 CH_4 和 H_2 的产率。因此，煤的催化气化一直是非常重要的研究课题。

1.2.1 煤气化催化剂及添加方法

1.2.1.1 催化剂的分类

国内外学者对煤气化催化剂的研究主要集中在碱金属、低共熔盐、碱土金属和过渡金属催化剂等。根据组成不同，将煤气化催化剂分为三类：单一催化剂、复合催化剂与可弃催化剂。

1. 单一催化剂

单一催化剂主要是单体金属盐或金属氧化物。煤气化催化剂首先从单一碱金属进行研究，自从 Taylor 等[4] 1921 年发现 Na_2CO_3 和 K_2CO_3 对煤气化反应有良好的催化作用后，煤催化气化受到了国内外研究者的关注。Popa 等[5] 以 Na_2CO_3 为催化剂研究了 Powder River Basin 煤的催化气化，发现 Na_2CO_3 在煤的热解和气化阶段的活性都很强，添加 3% Na_2CO_3 可以达到最佳催化效果。Coetzee 等[6] 用 K_2CO_3 为催化剂对大颗粒煤在 800~875 ℃进行水蒸气气化，发现加入 0.83% K_2CO_3 可以使气化反应速率提高 40%。Wood 等[7] 总结了碱金属碳酸盐对煤和半焦的催化气化活性：随着原子序数的增大，碱金属碳酸盐对气化反应的催化活性相应增大，催化活性大小次序为 $Cs_2CO_3>K_2CO_3>Na_2CO_3>Li_2CO_3$，但是这种催化活性次序会随着碱金属碳酸盐催化剂的含量不同而发生变化。

碱土金属对煤气化的催化作用也得到了广泛研究[8]。Siefert 等[9] 用 CaO 作为煤气化催化剂制合成气，发现 CaO 不仅可以催化煤的气化反应，还可以原位捕获合成气中的 HCl、H_2S 和 CO_2 酸性气体，起到净化合成气的作用。朱廷钰等[10] 研究了 CaO 对煤气化的催化作用，发现 CaO 不仅对煤气化有催化作用，而且能够固定煤中的硫。

过渡金属对煤气化的催化作用也得到了大量研究。Domazetis 等[11, 12]用铁盐作为催化剂进行低阶煤的水蒸气气化，发现 H_2 产率比非催化气化明显增加。他们认为铁盐在煤气化过程中形成了活性中间体产物［Fe-C］，促进了 H_2 的形成。然而 Popa 等[13] 在用 $FeCO_3$ 作为催化剂研究 Wyodak 次烟煤气化时发现真正起催化作用的是 Fe_3O_4、FeO 和 Fe 中的某一种，且随着气化条件而变化。Kurbatova 等[14] 研究了铁、镍和锌的氧化物对煤 CO_2 气化的催化作用，发现镍的催化作用最强，添加 5%镍催化剂可使气化温度降低 80 ℃。Kodama 等[15-16] 分别采用 In_2O_3、Fe_2O_3 和 ZnO 作为催化剂利用太阳能进行煤的 CO_2 气化，发现 In_2O_3 的催化活性最大，在高于 850 ℃时的催化活性次序为 In_2O_3>ZnO>Fe_2O_3，在低温下的催化活性次序则变为 In_2O_3>Fe_2O_3>ZnO，他们认为起催化活性的中间产物分别为气态的 In_2O 和 Zn。

Suzuki 等[17] 以 La（NO_3）$_3$，Ce（NO_3）$_3$ 和 Sm（NO_3）$_3$ 为催化剂研究了煤在水蒸气和 CO_2 中的气化反应特性，发现稀土的硝酸盐可以显著提高煤的气化反应性，但是稀土的催化活性随着碳转化率的增大而下降，向稀土盐中加入少量钠盐或者钙盐可以保持稀土的催化活性。

单一催化剂研究比较成熟的是 K_2CO_3，其优点在于：① 成本低；② 制备方法简单；③ 稳定性较高。但是 K_2CO_3 在催化气化过程中容易与煤灰中的矿物质发生反应生成硅铝酸钾而失活，而且 K_2CO_3 在高温下易挥发而流失，导致催化剂的回收率较低。因此，回收和循环利用是气化催化剂能否工业化应用的关键。

2. 复合催化剂

由于单一催化剂容易在煤的气化过程中失活和损失，研究者们为了寻求活性更强、更稳定的催化剂，尝试向单一催化剂中加入助催化剂，引来了复合催化剂的研究热潮。Hu 等[18, 19] 用不同钙化合物和 K_2CO_3 组成的混合物为催化剂对无烟煤焦进行水蒸气气化，发现 K_2CO_3 的催化活性显著提高，提高程度取决于钙化合物中的阴离子和煤焦，两种催化剂之间存在协同作用。Monterroso 等[20] 用 Na_2CO_3 与 $FeCO_3$ 的混合物作为催化剂研究 Wyodak 次烟煤的水蒸气气化时，发现 H_2 和 CO 产率比单独采用 Na_2CO_3 催化剂时提高 15%，比只用 $FeCO_3$ 时提高 40%。Siefert 等[21] 采用 CaO 和 KOH 复合催化剂进行煤的水蒸气气化时发现气化反应速率明显增大，甲烷产率变大，而且 CaO 还有净化合成气体中硫的作用。

Sheth 等[22, 23] 分别采用二元和三元熔融碱金属碳酸盐作为催化剂对伊利诺斯煤的气化进行了研究，结果表明三元熔融催化剂 Li_2CO_3-Na_2CO_3-K_2CO_3（质量分数分别是 43.5%、31.5%和 25%）比二元催化剂 Na_2CO_3-K_2CO_3（质量分数分别是 29%和 71%）的催化活性高。Sheth 等[24] 分别以 Li_2CO_3-Na_2CO_3-K_2CO_3 混合物、Na_2CO_3-K_2CO_3 混合物和 K_2CO_3 作为催化剂研究煤催化气化动力学，发现负载三元催化剂的煤气化反应的活化能最低，其原因是在催化气化过程中，Li_2CO_3-Na_2CO_3-K_2CO_3 形成低熔点共熔物而呈液态，然而 Na_2CO_3-K_2CO_3 和 K_2CO_3 则以固态存在。当催化剂呈液态时，其流动性增加，使催化剂在煤中分布更加均匀，所以对煤气化反应的催化活性较高。

复合催化剂的催化活性提高，不容易失活，有较好的工业化应用前景，但是催化剂回收仍是关键。

3. 可弃催化剂

可弃催化剂是指对煤气化反应有催化活性的工业废弃物。有研究人员发现许多工业废弃物，尤其是纸浆黑液[25]、黏胶废液[26] 和工业废碱液[27]，对煤气化反应具有良好的催化作用。由于可弃催化剂无需回收，从而节约了催化剂的回收成本，使煤的催化气化成本降低。通过废物再利用，将可弃催化剂变废为宝，因此，可弃催化剂受到了国内外研究者的重视。

1.2.1.2 催化剂的添加方法

煤气化催化剂的添加方法主要有3种：物理混合法、浸渍法和离子交换法。物理混合法是指将催化剂和煤以固态相混合。浸渍法是指单位质量的煤或煤焦被含有一定量催化剂的溶液所浸没，然后将水分蒸干。离子交换法指的是将煤或煤焦与催化剂的水溶液进行离子交换，通过化学反应将金属离子交换到煤中。在这三种催化剂添加方法中，物理混合法很难使催化剂在煤基质中分散均匀，而浸渍法和离子交换法可以使得催化剂在煤基质中分散很好。Ohtsuka等[28]采用离子交换法和物理混合法把钙负载到煤中，在700 ℃时进行水蒸气气化，发现采用离子交换法添加钙的反应速率是不添加催化剂时的40~60倍，比采用物理混合法添加催化剂的反应速率高。Jiang等[19]在研究钾钙复合催化剂对煤焦的催化气化时，发现采用浸渍法添加催化剂时的反应性比物理混合法的反应性高。对于Na_2CO_3和K_2CO_3催化剂而言，如果催化气化反应温度在800 ℃左右，催化剂的添加方法对气化反应的影响不大，因为在此温度下Na_2CO_3和K_2CO_3催化剂接近熔融状态，在煤基质表面的分散状态较好。

1.2.2 煤催化气化反应机理

自从1867年英国专利首次提出煤的催化气化后，国内外研究者对煤的催化气化产生了浓厚的兴趣，对不同煤种的催化气化进行了广泛的研究，而且对催化气化机理的研究取得了许多重要结果。但是到目前为止催化气化机理尚不完全清楚，根据文献报道的机理比较成熟的是氧转移机理、活性中间体机理、电化学机理、自由基机理和炭体积扩散机理。不过众多煤催化气化研究者公认的是，在煤催化气化过程中，气化反应速率与反应界面处的活性位数量及活性表面积成正比，催化剂的引入，有效地增加了反应表面的活性位数量和活性表面积，从而明显提高了气化反应速率。活性表面积的增加是催化剂在固体反应物表面侵蚀刻槽作用的结果。

1. 氧转移机理

McKee[29] 系统研究了碱金属对碳材料在水蒸气和 CO_2 中气化的催化作用，认为碱金属对气化的催化作用是通过氧转移实现的。氧转移机理认为：催化剂首先把氧原子从气态的气化剂中夺取出来，然后把夺取的氧原子以活性氧的形式提供给碳。这实际上是一个氧化还原过程，催化剂首先被碳还原，然后被气化剂所氧化，从而实现了氧原子的转移。

如果采用水蒸气作为气化剂，以碱金属的碳酸盐（M_2CO_3）为催化剂，催化水蒸气气化过程中发生的反应如下：

$$M_2CO_3+C \longrightarrow 2M+CO+CO_2 \tag{1-1}$$

$$2M+2H_2O \longrightarrow 2MOH+H_2 \tag{1-2}$$

$$2MOH+CO_2 \longrightarrow M_2CO_3+H_2O \tag{1-3}$$

反应（1-1），（1-2）和（1-3）相加得到的总反应为：

$$C+H_2O \longrightarrow CO+H_2 \tag{1-4}$$

如果采用 CO_2 作为气化剂，以碱金属的碳酸盐（M_2CO_3）为催化剂，催化气化过程中发生的反应如下：

$$M_2CO_3+C \longrightarrow 2M+CO+CO_2 \tag{1-5}$$

$$2M+CO_2 \longrightarrow M_2O+CO \tag{1-6}$$

$$M_2O+CO_2 \longrightarrow M_2CO_3 \tag{1-7}$$

反应（1-5），（1-6）和（1-7）相加得到的总反应为：

$$C+CO_2 \longrightarrow 2CO \tag{1-8}$$

Kopyscinski 等[30] 在研究脱灰煤中的碳和 K_2CO_3 在 CO_2、N_2 气氛中的相互作用时发现，K_2CO_3 也是通过氧转移实现对煤气化的催化作用。

冯杰等[31] 研究了石灰石对太原东山瘦煤在水蒸气中气化的催化作用，提出石灰石在气化过程中首先分解成为 CaO，当 CaO 在由大颗粒变成小颗粒的过程中，表面能增加，容易与煤焦结合，CaO 与气化剂分子碰撞后会形成高活性中间产物 CaO · O，然后按照氧转移的机理与 C 进行反应，反应过程如下：

$$CaO \cdot O + C \longrightarrow CaO + C[O] \quad (1-9)$$

$$C[O] \longrightarrow CO \quad (1-10)$$

2. 活性中间体机理

文献[7, 32, 33] 认为碳材料在碱金属催化气化过程中，炭基质和催化剂相互作用生成活性中间体产物，产生的活性中间体有两种类型，一种是夹层化合物 M_xC（例如 $K_{60}C$，$Na_{64}C$），另一种为催化剂和酚羟基或羧基形成的 M-O-C 加合物，但是 M-O-C 加合物的稳定性低于夹层化合物 M_xC。正是这些活性中间体的形成，大大加快了气化反应速率。

Chen 等[34] 从分子轨道的角度出发，研究了石墨在水蒸气和 CO_2 中采用碱金属和碱土金属作为催化剂的催化气化反应，他们认为催化剂是通过形成活性中间体对气化反应进行催化，在气化反应过程中会产生两类与炭基质的边缘碳原子结合在一起的含氧中间体，一种是面内半醌 C_f（O），另一种是与半醌相邻的饱和碳原子成键的面外氧 C（O）C_f（O）。气化反应的速率控制步骤是活性中间体的分解，然而活性中间体的分解主要是通过打断与含氧中间体相连的 C—C 键实现的。而且他们认为真正的催化活性源于碱金属化合物形成的簇。

Kuang 等[35] 研究了黑液中的钠对煤气化的催化作用机理。认为炭基质上的边缘碳原子和锯齿面上的碳原子容易和催化剂中的氧结合形成活性中间体，而且 C—O 键在黑液中的键能降低，这有助于炭基质中的碳和 O^{2-} 或 OH^- 结合，从而利于气化反应的进行。

3. 电化学机理

Jalan 等[36] 用电化学方法研究了催化气化的反应机理。他们以熔融的碱金属碳酸盐作为电解质，采用碳材料作为电极研究了碳材料的 CO_2 气化，电极反应为：

阴极反应：$C+O^{2-} \longrightarrow C(O)+2e$ （1-11）

阳极反应：$CO_3^{2-}+2e \longrightarrow CO(g)+2O^{2-}$ （1-12）

碳酸盐再生反应：$CO_2(g)+O^{2-} \longrightarrow CO_3^{2-}$ （1-13）

这种催化气化反应机理本质上也是氧转移机理。

4. 自由基机理

文献［33］［37］采用原位电子自旋共振光谱（ESR）研究了煤焦的K_2CO_3催化气化过程。认为自由基在煤的催化气化过程中发挥了重要作用，而且煤焦中所有的自由基都位于煤焦表面，这些自由基与煤焦催化气化过程中的活性物种有关。

5. 炭体积扩散机理

文献［38］提出了炭体积扩散机理。该机理认为煤在催化气化过程中存在三相：气相（气化剂）、催化剂（固相）和炭（固相）。催化气化过程包括三个步骤：①碳原子在催化剂中的离解；②碳原子从炭和催化剂中向催化剂与气相的界面扩散；③ 碳原子和气化剂在催化剂与气相的界面处发生化学反应。催化气化反应过程如图 1.2 所示。

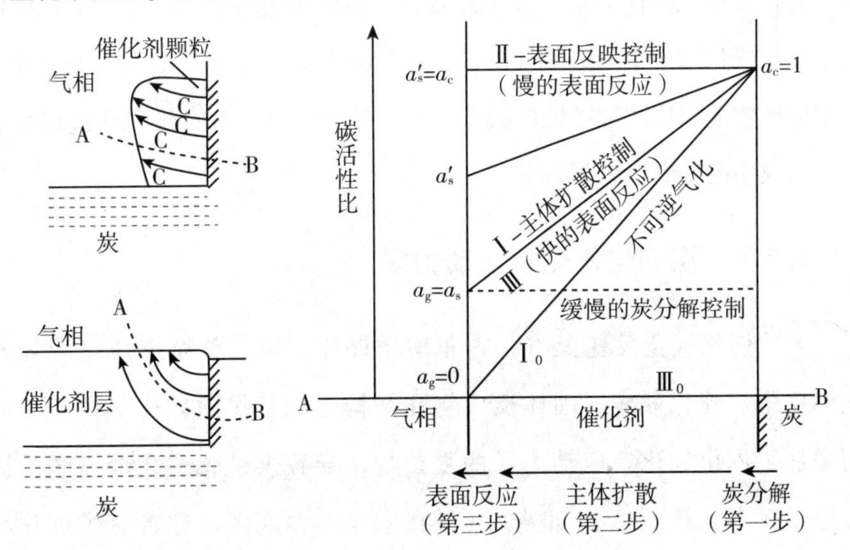

图 1.2 炭体积扩散机理示意图[38]

1.2.3 煤气化催化剂的失活

催化剂失活是制约煤催化气化发展的一个重要因素，煤中的矿物质是造成催化剂失活的主要原因。虽然过渡金属对煤气化有较强的催化作用，但是在催化气化的反应温度下容易结块，同时由于煤中含有硫元素，容易使过渡金属中毒，所以过渡金属不适合用于煤催化气化。钙的碳酸盐和钡的碳酸盐对煤气化反应也有很强的催化作用，但是钙极其容易与煤中含硅和铝的矿物质反应生成硅铝酸钙而失活。碱金属的碳酸盐被公认是煤气化反应的良好催化剂，尤其是 Na_2CO_3 和 K_2CO_3，但是钾和钠也容易在气化过程中和煤中的矿物质反应生成不溶于水的硅铝酸盐[39-41]，导致催化剂失活，而且造成催化剂回收困难，增大了催化剂的回收成本。华东理工大学的王辅臣课题组[42] 系统研究了 K_2CO_3 在煤的水蒸气气化过程中的迁移规律和失活机理，结果表明 K_2CO_3 的失活与煤中的铝有关，而且失活的钾与煤中的铝含量成线性关系。河北新奥的毕继诚课题组[43] 研究了 K_2CO_3 在煤水蒸气气化过程中的失活规律，发现钾的失活是由于钾与煤灰中的含硅和铝的矿物质反应生成硅铝酸盐造成的。因此，催化剂在煤气化过程中的失活与煤中的铝和硅含量有关。

1.2.4 煤催化气化反应动力学

煤的催化气化反应是气—固非均相催化反应，整个反应过程涉及化学反应、催化效应、固体反应物孔结构变化及扩散效应等因素，因而增加了催化气化反应动力学的复杂性，导致煤催化气化动力学的研究至今还不成熟。从 20 世纪 70 年代末至今，众多研究者对煤催化气化的反应动力学进行了研究，提出了许多催化气化反应动力学模型，但是这些动力学模型都是在经典的煤气化动力学模型基础之上建立的，常用的煤气化动力学模型主要包括均相反应模型、缩核反应模型和随机孔模型，表达式见表1.1。

表1.1 煤气化动力学模型

动力学模型	微分表达式
均相反应模型	$dx/dt = k(1-x)$
缩核反应模型	$dx/dt = k(1-x)^{2/3}$
随机孔模型	$dx/dt = k(1-x)\sqrt{1-\psi\ln(1-x)}$，其中 $\psi=\frac{4\pi L_0(1-\varepsilon_0)}{S_0^2}$

注：k 为反应速率常数，ψ 为孔结构参数，L_0 为初始孔长度，ε_0 为煤焦初始孔隙率，S_0 为煤焦初始表面积。

将煤气化动力学模型应用到煤的催化气化动力学时偏差较大，所以有研究者将经典煤气化动力学模型加以修正，分别提出了修正缩核模型、修正体积模型、整体动力学模型、修正随机孔模型和活性位扩展模型等。Kim 等[44] 采用修正体积模型成功地模拟了6种低阶煤 CO_2 催化气化反应动力学。Zhang 等[45] 采用修正随机孔模型成功解释了印度尼西亚低阶煤催化气化反应机理。然而 Wang 等[46] 则以均相反应模型和缩核反应模型为基础，提出了整体动力学模型，成功模拟了 Hohhot 煤用 KOH 催化气化的实验结果。王黎等[47] 采用活性位扩展模型成功模拟了神府煤焦 CO_2 催化气化动力学。林驹等[26] 研究了黏胶废液对尤溪无烟煤的水蒸气气化的催化作用，利用缩核模型对其反应动力学进行模拟，发现存在补偿效应。

李伟伟等[48] 以 Langmuir-Hinshelwood 方程和随机孔模型为基础提出了 L-H 模型，成功模拟了神木煤焦在水蒸气中进行 K_2CO_3 催化气化反应的动力学。张泽凯等[49] 在研究煤催化气化的过程中引入了暂态技术，提出了暂态动力学模型，成功模拟了神府煤催化气化动力学。上述这些煤催化气化动力学模型只适用于特定的煤种和实验条件，然而适用于工业化的煤催化气化动力学尚需进一步研究。

1.2.5 煤催化气化的工业化进展

煤的催化气化已经有很长的研究历史，直到今天还没有大规模工业化，既有社会和经济发展等原因，也由于催化气化本身的技术难题没有得到解决。到目前为止，煤催化气化工艺研究大部分还停留在实验室研究阶段，中试研究也寥寥无几。

1.2.5.1 Exxon 煤催化气化工艺

美国 Exxon 公司最早开展煤催化气化工业化研究，设计开发了煤的流化床催化气化制甲烷工艺[50]，工艺流程如图 1.3 所示。该工艺采用 K_2CO_3 作为催化剂，添加量为 10%，气化温度为 700 ℃，压力为 3.5 MPa，处理量为 1 t/d。Exxon 工艺由四个基本部分组成：煤料预加工、流化床气化、催化剂补充和回收、产品分离和热回收。在煤料预加工过程中，首先将煤粉碎至 8 目，然后通过浸渍法加入催化剂，将负载催化剂的煤干燥后通过加料斗加入气化炉中。在流化床气化过程中，以水蒸气、产品气 CO 和 H_2 混合气体作为流化气体，采用水洗法回收催化剂，制备的产品气体经过脱除 CO_2 和 H_2S 后即可得到 CH_4。

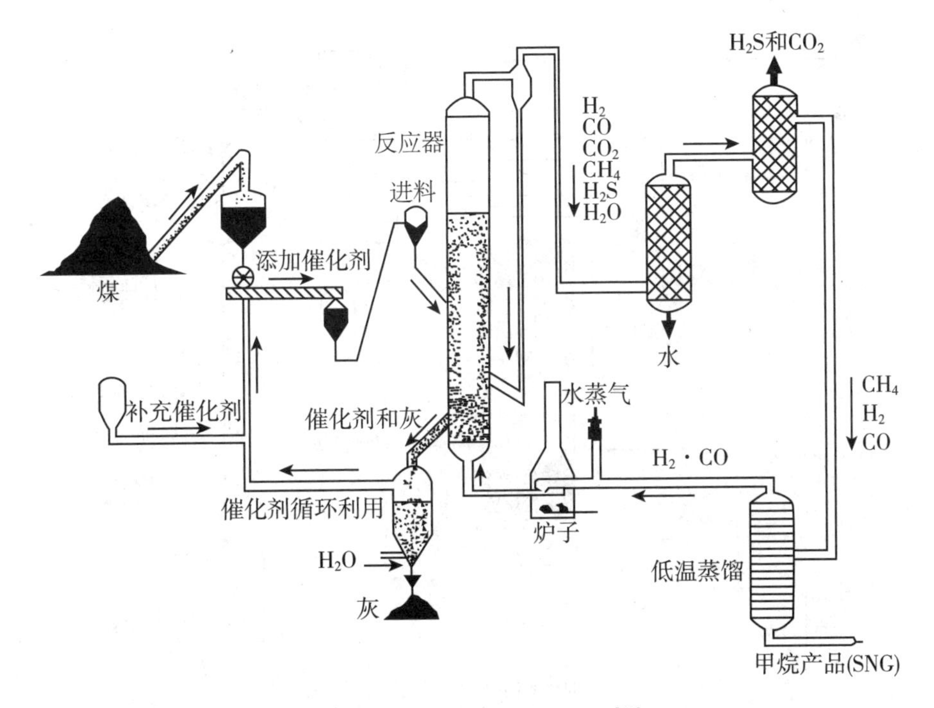

图 1.3 Exxon 煤催化气化工艺[50]

Exxon 催化气化制取合成天然气技术经过一系列改进后被转让给美国巨点能源公司，更名为“蓝气技术”。[51]

1.2.5.2 加压喷动床煤催化气化工艺

加拿大哥伦比亚大学于 1989 年开发了加压喷动床煤催化气化工艺[52]（见图 1.4）。该工艺采用 Incolloy 材质反应器，直径 100 mm，长 1 m，在反应管外部安装了四个电加热器提供热量，采用星型给料器进料，水由隔膜泵输入后先与反应管出来的产品气体进行热交换，然后再经过流化沙床被转变为水蒸气，流化沙床由丙烷燃烧提供热量，夹带细粉通过两个旋风分离器进行收集。此工艺中水蒸气不仅是气化剂，而且是煤气化的热源和反应器的喷动介质。

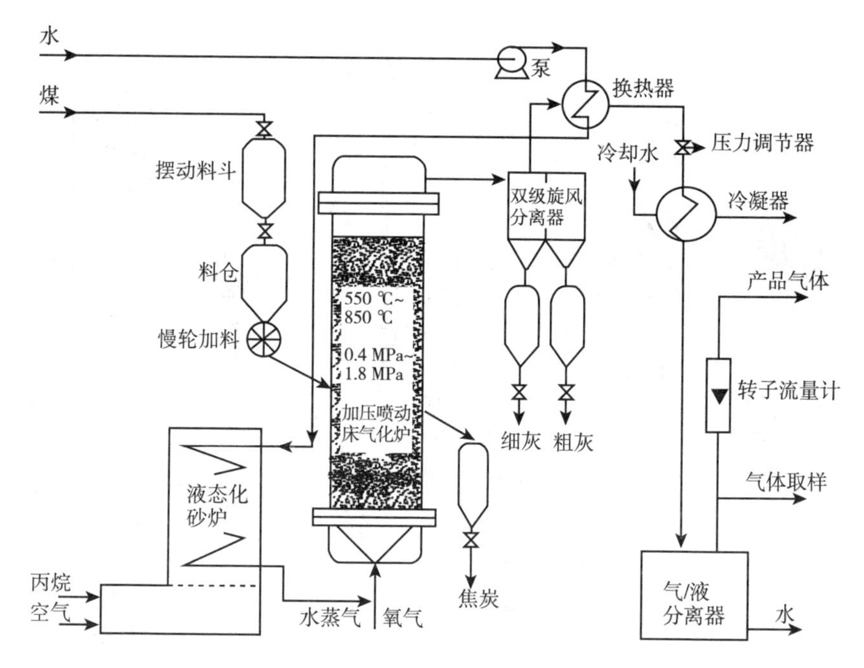

图 1.4 加压喷动床煤催化气化工艺[52]

该工艺以制取中热值煤气为目的，采用无烟煤和次烟煤为原料，原料煤被粉碎至 6~16 目，选用 K_2CO_3 作为催化剂，无烟煤和次烟煤气化时分别浸渍 5%和 10% K_2CO_3 催化剂，气化温度是 720~800 ℃，压力为 0.4~1.8 MPa，处理量为 2~5 kg/h，制取的煤气热值为 10~11 MJ/m^3。

该工艺由煤料预加工、水蒸气制备、喷动床气化及煤气冷却与分析四部分组成。与 Exxon 工艺的不同之处在于：① 不进行产品煤气的再循环和催化剂回收；② 水蒸气需要过热到高于床温 150 ℃左右；③ 气化反应系统所需热量由外电加热提供。

1.2.5.3 引流管内循环流化床煤催化气化工艺

韩国科学技术高等研究院于 1998 年开发设计了带有引流管的内循环流化床煤催化气化工艺[53, 54]（见图 1.5）。该工艺反应器采用不锈钢材质，反应器直径为 300 mm，长为 2.7 m。反应管中部安装了一根直径为

100 mm、长为0.9 m的引流管。在此工艺中，流化床的气室包括引流管和环流区两部分，空气通过引流管进入气化炉，水蒸气经环流区进入气室，气室外壁安装的电加热器用于预热水蒸气和空气。为了使固体物料进行循环，在距底端40 mm的引流管壁上开有四个30 mm的孔。此外，反应器外壁也安装了电加热器为气化反应提供热量。煤通过反应器顶部的螺旋进料器加入气化炉，反应器出口处安装了两个旋风分离器收集细粉，流化床的床体材料为沙子。反应刚开始时仅通入空气，当温度达到450~500 ℃后关闭电加热器，待温度达到气化温度时把煤加入反应器。

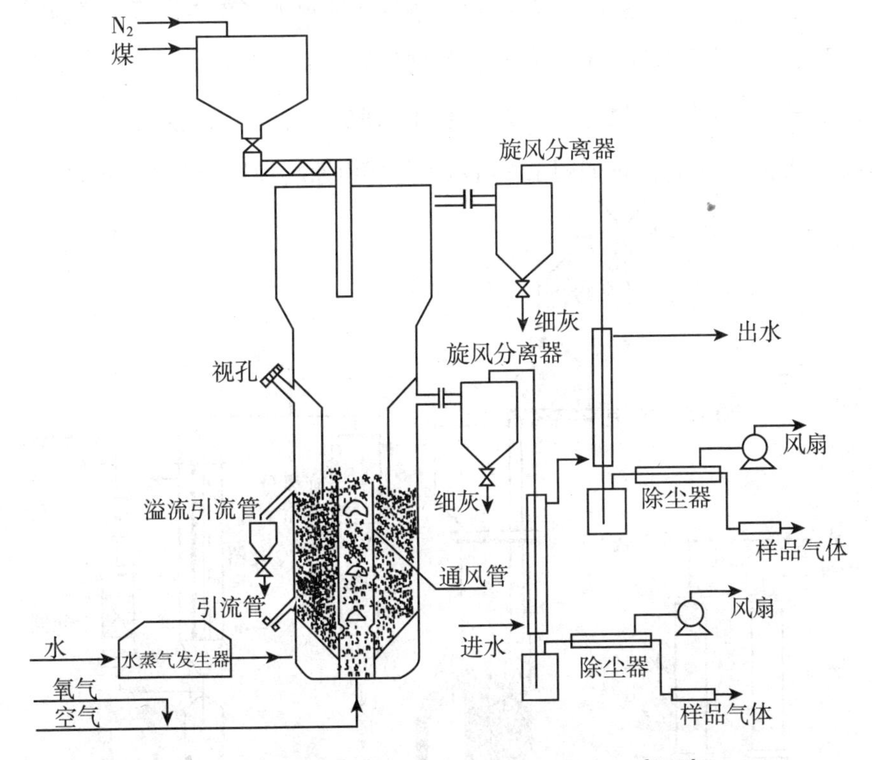

图1.5　引流管内循环流化床煤催化气化工艺[53, 54]

该工艺采用水蒸气和空气的混合气体作为气化剂，催化剂采用单一催化剂（K_2CO_3，$Ni(NO_3)_2$，K_2SO_4）和复合催化剂（$Ni(NO_3)_2$+K_2SO_4），添加量为10%，催化剂的负载方法为浸渍法，气化温度为750~900 ℃，压力为常压，氧煤比为0.3~0.5，水蒸气和煤的比例为0.3~0.8，处理量为5.3~12.1 kg/h，制取的煤气热值为12 MJ/m³。该工艺分为四部分：煤料预加工、水蒸气制备、流化床气化和煤气后处理。此工艺与加拿大加压喷动床工艺的不同之处为：①此工艺采用水蒸气和空气的混合气作为气化剂，而加拿大加压喷动床工艺仅采用水蒸气作为气化剂；②此工艺的反应器中安装了引流管；③两种工艺中旋风分离器安装的位置不同。

1.2.5.4 溢流流化床煤催化气化工艺

福州大学张济宇课题组于2000年搭建了溢流流化床煤催化气化实验装置[55]，该工艺以含碱工业废弃物作为催化剂，采用水蒸气或混合气（水蒸气/空气、水蒸气/富氧空气）为气化剂，研究无烟粉煤的催化气化，处理量为1 kg/h。工艺流程如图1.6所示，主要由原料预处理系统、加热系统、

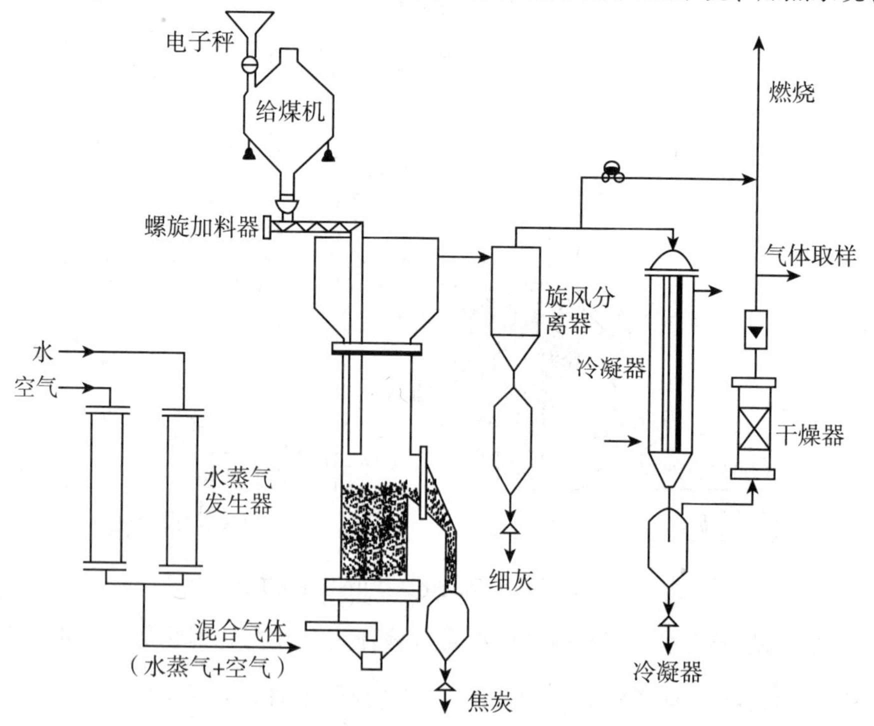

图1.6 溢流流化床煤催化气化工艺[55]

流化床气化及煤气后处理系统四个部分组成。该工艺在气化过程中所需热量由电加热提供，从而可以保持稳定的温度。

在此工艺中，气化残渣中含有大量残碱，对环境危害较大。张济宇等[55]采用煅烧的方法处理碱性气化灰渣，同时把灰渣煅烧过程中产生的热量用于产生水蒸气，从而实现了绿色的煤催化气化。

1.2.5.5　HyPr-RING煤催化气化工艺

日本的Hatano课题组[56]于2002年开发了一种煤催化气化制氢新工艺——HyPr-RING（hydrogen production by reaction-integrated novel gasification），工艺流程见图1.7。该工艺仅使用一个反应器，气体产物仅由H_2组成，无需净化。该工艺的关键反应为碳还原水和CO_2吸收，CO_2被吸收后可以提高H_2的产率。

HyPr-RING制氢工艺的原理为：

$$C+H_2O \longrightarrow CO+H_2 \qquad \Delta H^{\circ}_{298}=132\ \mathrm{kJ/mol} \tag{1-14}$$

$$CO+H_2O \longrightarrow CO_2+H_2 \qquad \Delta H^{\circ}_{298}=-41.5\ \mathrm{kJ/mol} \tag{1-15}$$

$$CaO+CO_2 \longrightarrow CaCO_3 \qquad \Delta H^{\circ}_{298}=-178\ \mathrm{kJ/mol} \tag{1-16}$$

将反应（1-14），（1-15）和（1-16）相加，得到总反应（1-17），

$$C+2H_2O+CaO \longrightarrow CaCO_3+2H_2 \qquad \Delta H^{\circ}_{298}=-88\ \mathrm{kJ/mol} \tag{1-17}$$

虽然该工艺可以在低温下操作，但是需要在高压下进行。

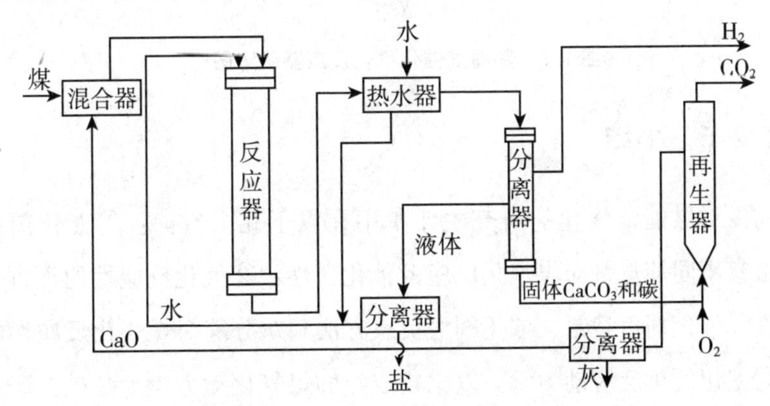

图1.7　HyPr-RING工艺流程图[56]

1.2.5.6 新奥煤催化气化技术

新奥集团于 2012 年建成了煤催化气化制天然气工业试验装置[51]，2013 年实现了 5 t/d 中试装置的成功运行，碳转化率达到 90%，CH_4 产率为 0.5 Nm^3/kg C。新奥煤催化气化技术最大的特点在于反应器（见图 1.8），集催化热解、催化气化和残碳燃烧三个反应于同一流化床反应器内进行，开发了完整的催化剂回收和循环利用工艺，K_2CO_3 催化剂的回收率达 95%以上。

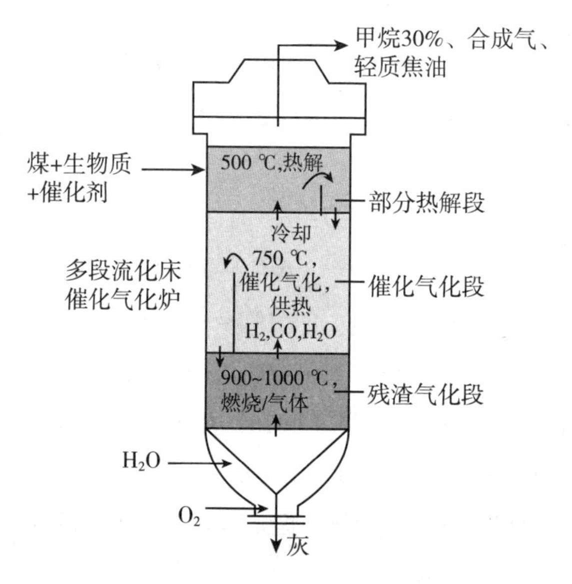

图 1.8 新奥煤催化气化反应器示意图[51]

1.2.6 小结

前人对煤催化气化的研究主要集中在以下几个方面：①催化剂的选择，考察不同催化剂对煤气化反应的催化活性；②气化反应性的评价，考察温度、催化剂负载量、催化剂的负载方法和灰分等对煤气化反应性的影响；③催化气化反应动力学，以比较成熟的煤气化动力学为基础，研究适合于煤催化气化的动力学模型；④煤气化反应机理；⑤以流化床催化气化为基础，开展不同工艺的煤催化气化小型中试研究。

在文献报道的煤催化气化研究中，对 K_2CO_3 催化煤气化的研究较多，但是对采用 Na_2CO_3 作为催化剂的煤气化的研究相对较少。因为 Na_2CO_3 和 K_2CO_3 性质相似，同时 Na_2CO_3 比 K_2CO_3 价格便宜，储量丰富。因此，研究 Na_2CO_3 催化煤气化具有重要意义。

1.3 煤气化催化剂的回收

催化剂的回收是制约煤催化气化工业化的主要因素之一。根据文献报道，煤气化催化剂的回收方法主要包括以下几种：酸洗法、水洗法、磁选分离法和石灰水回收法。

1.3.1 酸洗法

酸洗法回收气化催化剂是将煤催化气化残渣采用酸作为溶剂在一定的条件下进行溶解，使气化催化剂变为可溶性的溶液，经过滤与煤灰中的矿物质分离。Sheth 等[23] 分别采用水、硫酸和醋酸作为溶剂回收煤催化气化残渣中的催化剂，研究结果表明采用硫酸回收气化催化剂时，回收率最高。Zhang 等[57] 提出采用生物质制备的原醋回收气化催化剂，由于 $Ca(OH)_2$ 在水中的溶解度较小，但是易溶于原醋，采用原醋溶解煤催化气化残渣中的 $Ca(OH)_2$，钙催化剂可以完全回收。

1.3.2 水洗法

采用水洗法回收煤气化催化剂虽然成本低廉，但是催化剂的回收率不高。文献[3] 报道 Exxon 公司也曾经采用水洗法回收煤气化催化剂，但回收率仅为70%。陈杰等[58] 研究了水洗法回收煤气化催化剂 K_2CO_3，提出在

N_2 气氛中用水作为溶剂在加压条件下回收催化剂时回收效果较好，回收率可以达到 80%。因此，采用水洗法回收气化催化剂回收率低，使得煤催化气化的成本增大。

1.3.3 磁选分离法

磁选分离法是根据气化催化剂的铁磁性和颗粒大小将催化剂与煤气化渣中的其他物质进行分离。Kim 等[59] 将 K_2CO_3 负载到钙钛矿上作为煤气化的催化剂，气化完成后，依据负载催化剂的钙钛矿颗粒大小和铁磁性与煤气化残渣中其他矿物质不同来回收钾催化剂，但是这种方法仅局限于实验室研究。

1.3.4 石灰水回收法

Yuan 等[60] 提出采用石灰悬浮液作为溶剂回收煤气化催化剂。由于在煤催化气化的过程中碱金属催化剂与煤中的矿物质发生反应生成了不溶于水的硅铝酸盐，但是硅铝酸钙在水中的溶解度比碱金属的硅铝酸盐更小，因此钙可以将碱金属置换出来，从而达到回收气化催化剂的目的。在压力为 2 MPa、温度为 150 ℃和 N_2 保护的条件下采用石灰水多次洗涤煤催化气化残渣，回收率可以达到 93%，回收效果较好。

1.3.5 小结

研究人员提出了不同的煤气化催化剂回收方法，主要包括酸洗法、水洗法、磁性分离法和石灰水回收法。酸洗法回收催化剂的回收率较高，但是在回收催化剂的过程中产生了副产物。水洗法回收气化催化剂的回收率较低，然而回收的催化剂溶液需要浓缩。磁性分离法回收率较低，而且催化剂容易和载体发生反应。石灰水回收法的回收率较高，但条件比较苛刻。这些回收方法尚且处于实验室研究阶段，无法满足工业化煤催化气化的要求，需要进一步深入研究。

1.4 粉煤灰提取氧化铝文献综述

氧化铝是重要的工业原材料，主要用于电解炼铝，也广泛应用于石油化工、耐火材料、精密陶瓷和医药等领域。目前全世界氧化铝产量相对稳定，而我国的氧化铝产量增长迅速。图1.9是2013—2022年度世界各地区的氧化铝产量[61]，由图可知，从2013年起我国氧化铝产量逐年增加，2014年跃居世界第一，2014年我国氧化铝产量约占世界总产量的47%。

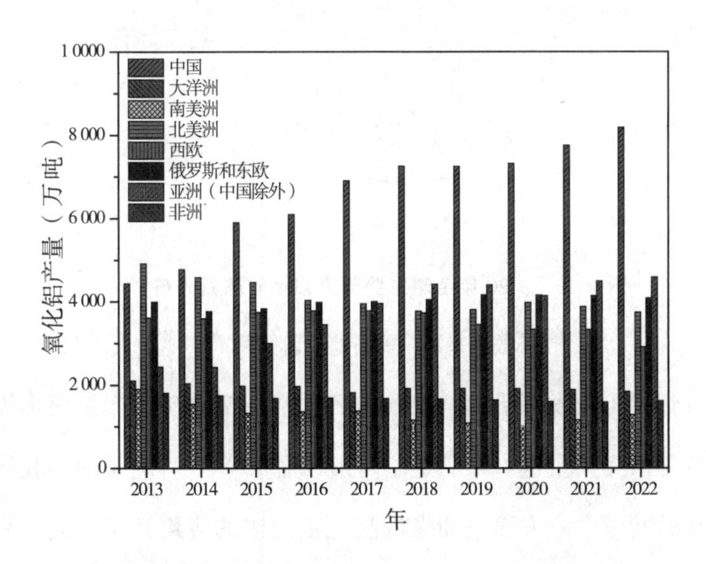

图1.9 中国与全球其他地区氧化铝产量[61]

氧化铝的生产原料是铝土矿，全世界铝土矿产量大约85%用于生产冶金级氧化铝[62]。截止2017年底，全球铝土矿总储量大约750亿吨，分布极不均衡（见图1.10），主要集中在以下几个国家：几内亚74亿吨、澳大利亚62亿吨、巴西26亿吨、越南21亿吨、牙买加20亿吨、印度尼西亚10亿吨、圭亚那8.5亿吨，而我国铝土矿储量为9.8亿吨，占世界总储量的3.5%[63]，居世界第七位，其中90.3%分布在晋、豫、桂、黔4个省区[64]。根据数据显示，中国正在以全球3.5%的储量生产着全球25%左右的铝土矿，静态可采年限远远低于世界平均水平，按照现有的开采速度，中国的铝土矿资源维持时间仅为14年左右[65]。

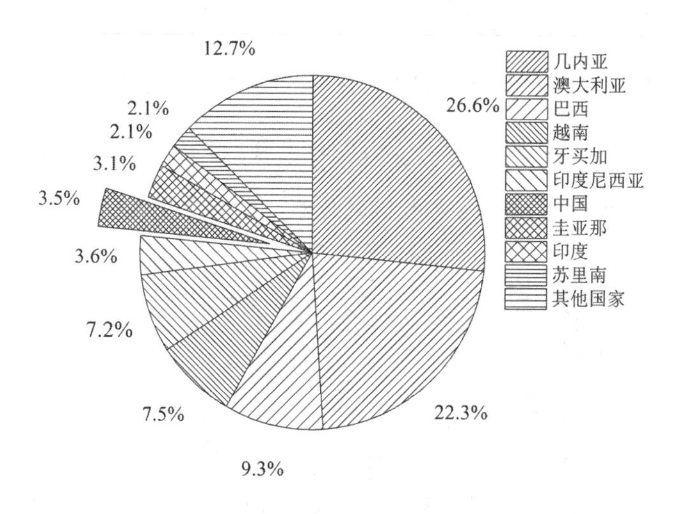

图1.10　2020年全球主要国家铝土矿储量分布[63]

（数据来源：美国地质调查局）

我国氧化铝工业发展迅速，但国内氧化铝与铝土矿的产量根本无法满足需求，每年依靠大量进口来满足国内市场需求[65, 66]。为了解决我国铝土矿资源短缺的问题，一方面应加强低品位铝土矿的应用技术研究；另一方面需要开发利用其他新的铝资源。

随着我国电力工业的飞速发展，燃煤火电厂的产能也迅速增加，导致粉煤灰的排放量急剧增加。据统计，2000年我国的粉煤灰排放量约为1.5亿吨，2009年增加到约3.75亿吨，而2013年则达到5.32亿吨左右，

2015年达到6亿吨左右[67]，2017年达到6.86亿吨[68]，到目前为止，我国粉煤灰的堆积总量已经超过30亿吨，占用土地面积达到500 km^2以上，对我国的生态环境造成重大影响[68]。在我国粉煤灰目前主要应用在农业[69]和建材方面[70]，利用价值较低。因此，粉煤灰的高附加值利用已成为一个研究热点。通常粉煤灰中氧化铝含量为17%～35%，而内蒙古中西部个别地区的粉煤灰中氧化铝含量高达50%[71]，是一种非常宝贵的铝资源。以高铝粉煤灰为原料提取氧化铝，既可以减少环境污染和土地占用，又可以弥补我国铝土矿资源的短缺，对保障我国的铝产业安全具有极其重要的意义。

1.4.1　粉煤灰的性质

粉煤灰由煤中的黏土矿物质通过燃烧产生，其主要化学组分是氧化铝（Al_2O_3）和二氧化硅（SiO_2）。随地域差异，氧化铝在粉煤灰中的含量也存在差异，通常为15%～50%。将氧化铝含量大于30%的粉煤灰称为高铝粉煤灰。粉煤灰的性质因燃煤锅炉不同而异。经煤粉炉燃烧生成的粉煤灰称作煤粉炉粉煤灰，这种粉煤灰的形成温度通常高于1 300 ℃，其中的氧化铝在冷却后以无定形态、莫来石或刚玉的形态存在。但循环流化床的燃烧温度大约为850 ℃，生成的粉煤灰中主要矿物相为无定形偏高岭石，其中的氧化铝组分活性较高，可在低温下采用酸或碱作为溶剂提取Al_2O_3[72, 73]。

1.4.2　粉煤灰提取氧化铝方法

从粉煤灰中提取氧化铝的方法主要分为三大类：烧结法、酸浸法和碱浸法。

1.4.2.1 烧结法

烧结法是先将粉煤灰和烧结试剂混合，通过高温反应使粉煤灰中的铝形成可溶于水的化合物，然后将烧结熟料进行溶解实现铝与其他化合物的分离，再经过一系列处理制备出高纯度的氧化铝。

早在20世纪50年代，波兰的Grzymek[74] 率先开始对采用烧结法从粉煤灰中提取氧化铝的研究，其方法是基于铝酸钙和硅酸钙烧结后的自焚化作用，将烧结熟料用 Na_2CO_3 溶液溶解，然后再进行一系列的化学处理（碳酸化、水洗等），最后得到氧化铝，副产物钙硅渣用于水泥生产。在1953年，首个以粉煤灰为原料年产1万吨氧化铝联产10万吨水泥的工厂在波兰成立。在20世纪70年代末，波兰又建了一个年产10万吨氧化铝联产120万吨水泥的工厂。

根据烧结剂的不同，烧结法可以分为：石灰烧结法、预脱硅联合碱石灰烧结法、石膏烧结法和其他烧结方法。

1. *石灰烧结法*

石灰烧结法提取粉煤灰中的氧化铝是Pederson法[75, 76] 的改进。在Pederson法中采用铝土矿、铁矿石、焦炭和石灰石为原料来制取生铁，采用 Na_2CO_3 溶液溶解烧结熟料后回收氧化铝。在石灰烧结法中，粉煤灰与石灰石在大于1 100 ℃的高温下反应生成可溶的铝酸钙和不溶的硅酸钙，然后采用溶剂（常用的溶剂有水、Na_2CO_3 和 NaOH 的稀溶液）溶解可溶性的铝酸钙[77]，将不溶性的硅酸钙留在残渣中，从而实现铝和硅的分离，将滤液进行碳酸化得到 $Al(OH)_3$，最后将 $Al(OH)_3$ 焙烧就可以得到氧化铝。在烧结熟料溶出的过程中产生的固体滤渣用来生产水泥。具体的工艺流程见图 1.11。

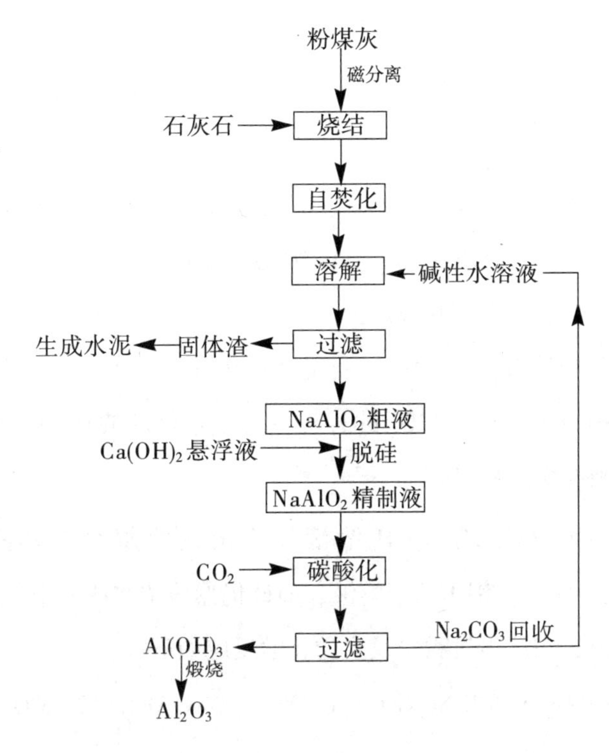

图 1.11　石灰烧结法工艺流程图[81]

石灰烧结法的工艺流程主要分为以下几个工艺步骤：

(1) 原料烧结

烧结的主要目的是活化粉煤灰，石灰石首先在高温下分解为 CaO，然后 CaO 与粉煤灰中活性较低的莫来石和石英反应生成 $12CaO \cdot 7Al_2O_3$ 和 $2CaO \cdot SiO_2$。生成 $12CaO \cdot 7Al_2O_3$ 是石灰烧结法的关键，因为 $12CaO \cdot 7Al_2O_3$ 能够溶于水或碱液生成 $NaAlO_2$。然而在溶解的过程中不可避免的生成其他的铝酸钙化合物[78]，但 $3CaO \cdot Al_2O_3$ 和 $CaO \cdot Al_2O_3$ 没有 $12CaO \cdot 7Al_2O_3$ 溶解度高，而 $2CaO \cdot SiO_2$ 几乎完全不溶，这有助于铝和硅的分离。在烧结过程中发生的化学反应如下：

$$CaCO_3 \longrightarrow CaO+CO_2 \tag{1-18}$$

$$7(3Al_2O_3 \cdot 2SiO_2) + 64CaO \longrightarrow 3(12CaO \cdot 7Al_2O_3) + 14(2CaO \cdot SiO_2) \quad (1-19)$$

$$3Al_2O_3 \cdot 2SiO_2 + 13CaO \longrightarrow 3(3CaO \cdot Al_2O_3) + 2(2CaO \cdot SiO_2) \quad (1-20)$$

$$3Al_2O_3 \cdot 2SiO_2 + 5CaO \longrightarrow 3(CaO \cdot Al_2O_3) + 2(CaO \cdot SiO_2) \quad (1-21)$$

$$2CaO + AiO_2 \longrightarrow 2CaO \cdot SiO_2 \quad (1-22)$$

（2）烧结熟料的自焚化和溶出

在烧结熟料冷却的过程中，当温度低于 500 ℃时，由单斜 β-CaO · SiO_2 转变为斜方 γ-CaO · SiO_2 的过程中会发生体积膨胀而产生自焚化作用，烧结熟料无需粉碎[79, 80]。

采用水、Na_2CO_3 或 NaOH 溶液作为溶剂溶解烧结熟料。当采用 Na_2CO_3 溶液溶解时，铝可溶于溶液，而硅仍然残留在滤渣中，从而实现了铝和硅的分离，在溶出过程中发生的化学反应如下：

$$12CaCO \cdot 4Al_2O_3 + 12Na_2CO_3 + 5H_2O \longrightarrow 14NaAlO_2 + 12CaCO_3 + 10NaOH \quad (1-23)$$

$$3CaO \cdot Al_2O_3 + 3Na_2CO_3 + 2H_2O \longrightarrow 2NaAlO_2 + 3CaCO_3 + 4NaOH \quad (1-24)$$

$$CaO \cdot Al_2O_3 + Na_2CO_3 \longrightarrow 2NaAlO_2 + CaCO_3 + 4NaOH \quad (1-25)$$

$$2CaO \cdot SiO_2 + 2Na_2CO_3 \longrightarrow 2CaCO_3 + 2NaOH + Na_2SiO_3 \quad (1-26)$$

$$2CaO \cdot SiO_2 + 2NaOH + H_2O \longrightarrow 2Ca(OH)_2 + Na_2SiO_3 \quad (1-27)$$

（3）$NaAlO_2$ 粗液脱硅

在石灰烧结法中，理想的情况是粉煤灰中全部的硅都残留在滤渣中，但是实际情况并非如此，不可避免有少量硅进入溶液相中。根据文献[81]报道，在石灰烧结法中，大约有 2%～3%的硅进入 $NaAlO_2$ 粗液中。因此，$NaAlO_2$ 粗液需要进行脱硅。通常采用 Ca（OH）$_2$ 的悬浮液脱硅，在脱硅的过程中发生的化学反应如下：

$$2Na_2SiO_3+2NaAlO_2+Ca(OH)_2+2H_2O \longrightarrow CaO \cdot Al_2O_3 \cdot 2SiO_2+6NaOH \quad (1-28)$$

$$Na_2CO_3+Ca(OH)_2 \longrightarrow CaCO_3+2NaOH \quad (1-29)$$

(4) $NaAlO_2$ 精液碳酸化

$NaAlO_2$ 粗液经脱硅后便可得到 $NaAlO_2$ 精液，其碳酸化过程如下：在剧烈搅拌下将 CO_2 气体通入 $NaAlO_2$ 精液中，当溶液的 pH 降低到一定值后，$NaAlO_2$ 会转变成 $Al(OH)_3$，过滤即可实现 $Al(OH)_3$ 的分离，在碳酸化的过程中发生的化学反应如下：

$$2NaAlO_2+CO_2+3H_2O \longrightarrow Na_2CO_3+2Al(OH)_3 \quad (1-30)$$

$$2NAOH+CO_2 \longrightarrow Na_2CO_3+H_2O \quad (1-31)$$

(5) $Al(OH)_3$ 煅烧

在步骤（4）中产生的 $Al(OH)_3$ 沉淀经过煅烧即可得到 Al_2O_3，此过程中发生的化学反应为：

$$2Al(OH)_3 \longrightarrow Al_2O_3+3H_2O \quad (1-32)$$

2. *碱石灰烧结法*

Kayser[82] 在 1902 年首次提出采用碱石灰烧结法分离铝和硅，工艺流程见图 1.12。该方法中，使石灰石和纯碱的混合物与粉煤灰在高温下发生反应生成可溶的铝酸钠和不溶的硅酸钙，从而实现了铝和硅的有效分离。然而，在 1 100~1 400 ℃高温下，不可避免会生成其他的化合物，生成化合物的化学组成取决于粉煤灰的类型和烧结条件。与石灰烧结法一样，采用水、苛性钠或者碳酸钠溶液溶解烧结熟料。由于烧结熟料在溶出的过程中不可避免会有少量硅进入溶出液中，因此碱石灰烧结法也需要进行铝酸钠粗液的净化除杂。通过过滤将滤液和不溶的滤渣分开，然后向滤液中加入 $Ca(OH)_2$ 悬浮液在高温高压下脱硅，再向得到的铝酸钠精液中通入 CO_2 即可得到 $Al(OH)_3$ 沉淀，最后把 $Al(OH)_3$ 煅烧得到氧化铝。氧化铝的提取率可以达到80%左右。

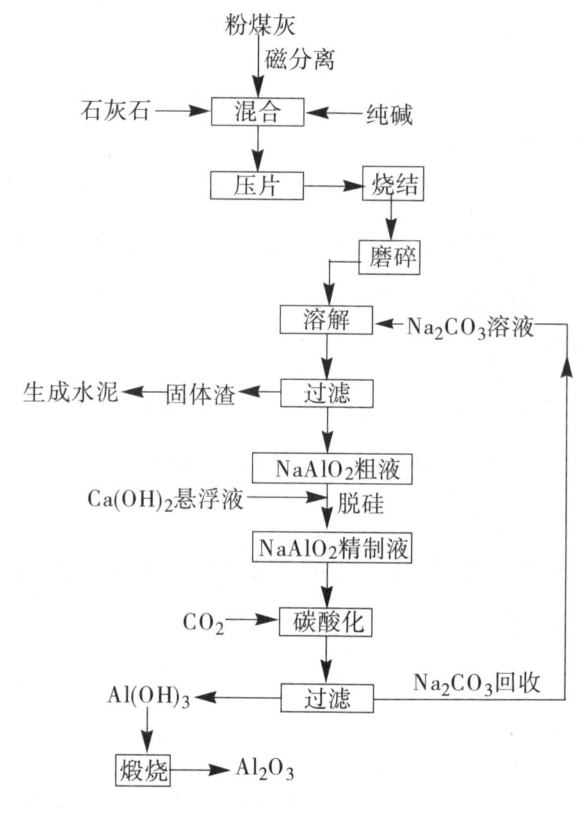

图 1.12　碱石灰烧结法工艺流程图[83]

3. 预脱硅联合碱石灰烧结法

石灰烧结法和碱石灰烧结法虽然有较长的发展历史，但是这两种工艺仍然没有大规模工业化，主要原因是这两种工艺需要消耗大量的石灰且能耗太大，同时会产生大量的钙硅渣，而钙硅渣只能用于生产水泥，无法高附加值利用。生产1吨氧化铝会产生7~10吨的钙硅渣，由于粉煤灰中含有大量的硅，所以必须消耗大量的石灰进行脱硅。碱石灰烧结法要求粉煤灰的 Al_2O_3/SiO_2 质量比为2，然而当粉煤灰的 Al_2O_3/SiO_2 质量比为0.8~1.0时，可以通过脱硅提高 Al_2O_3/SiO_2 质量比。在粉煤灰中除了莫来石和晶体石英外，无定形的二氧化硅占30%~60%，因此可以通过预脱硅来降低硅含量，同时也能减少烧结剂的用量，而且通过预脱硅可以得到白炭黑。Wang等[84]通过预脱硅、碱石灰烧结、水溶和碳酸化从粉煤灰中提取氧化铝，通过预脱硅，硅的脱除率达40%，显著提高了Al_2O_3/SiO_2质量比，氧化铝的提取率为91%。Bai等[85]也采用预脱硅联合碱石灰烧结法从粉煤灰中提取氧化铝，提取率达90%。

4. *石膏烧结法*

石膏烧结法是美国Oak Ridge实验室开发的一种从粉煤灰中提取氧化铝的方法。在该方法中，首先将粉煤灰、石膏和石灰石混合，然后在1 000~1 200 ℃的高温下煅烧。采用稀酸溶解烧结熟料，通过过滤除去固体废渣，从滤液中回收有价值的金属，工艺流程见图1.13。Goodboy[86]采用石膏烧结法从煤灰、黏土混合物中提取氧化铝，结果表明，在1 200 ℃煅烧15 min，氧化铝的提取率可以达到90%。Seeley等[87]也采用石膏烧结法提取氧化铝，提取率达95%。

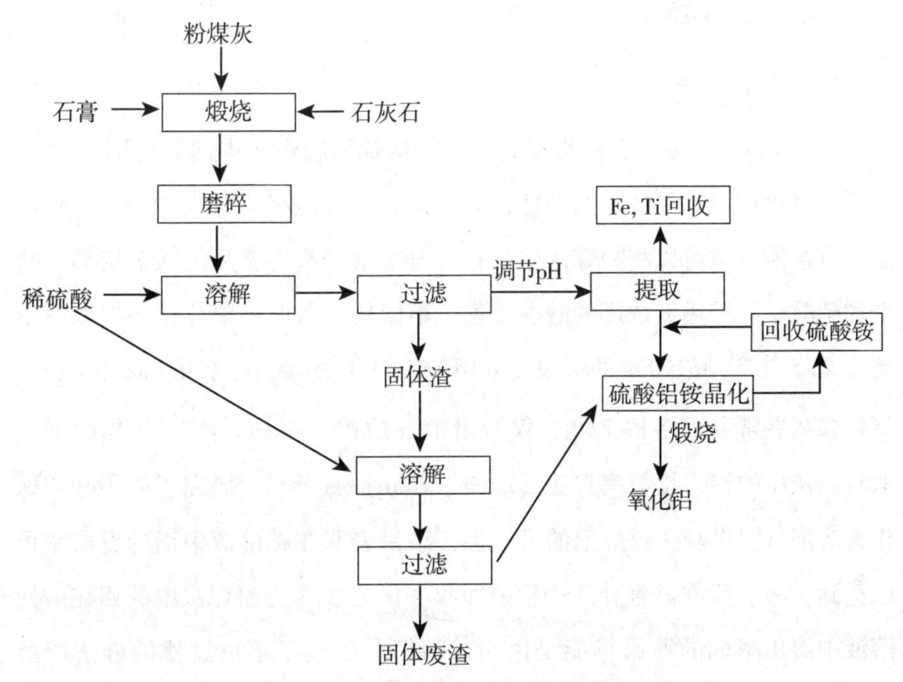

图1.13　石膏烧结法工艺流程图[88]

5. 其他烧结方法

除了石灰烧结法、预脱硅联合碱石灰烧结法和石膏烧结法，还有盐—纯碱烧结法、硫酸铵烧结法和氟化物烧结法。在盐—纯碱烧结法中，将粉煤灰与 NaCl、Na_2CO_3 的混合物在高温下煅烧，采用水急冷烧结熟料，然后再用稀酸溶解。在专利[89] 中，首先将粉煤灰与 NaCl 和 Na_2CO_3 的混合物在 700~900 ℃煅烧，采用硝酸或硫酸溶液溶解烧结熟料，氧化铝的提取率可以达到 90%以上。Decarlo 等[90] 研究了盐—纯碱烧结法提取粉煤灰中的氧化铝，采用 Na_2CO_3 溶液溶解熟料，氧化铝提取率仅为 27%。Tong 等[91] 将粉煤灰和 KF 煅烧，采用盐酸溶解烧结熟料，氧化铝的提取率达 96. 9%。Park 等[92] 把粉煤灰和硫酸铵的混合物在 400 ℃煅烧 2 小时，产物中有大量明矾生成，将其焙烧制得氧化铝。

1. 4. 2. 2 酸浸法

1. 直接酸浸法

美国 Oak Ridge 实验室提出直接酸浸法提取粉煤灰中的氧化铝[93]。该法不考虑单种金属提取率的高低，而是最大限度地将粉煤灰转变为各种产品。直接酸浸法可以将粉煤灰中的铝和硅彻底分离，常用的酸为硫酸、盐酸和硝酸。但采用低浓度的酸在室温下溶解粉煤灰时，氧化铝的提取率不高，文献[94, 95] 按 5∶1 的液固比采用 16 mol/L HNO_3 或者 36 mol/L H_2SO_4 将粉煤灰在常温下溶解 72 h，仅溶出 10%的铝。Shemi 等[95] 采用硫酸提取粉煤灰中的铝，提取率仅为 23. 5%。Gudyanga 等[97] 研究了采用酸或碱作为溶剂从粉煤灰中提取铝的可行性，结果表明在碱溶液中铝的提取率可以达到 55%，而在酸性介质中铝的回收率仅为 29%。粉煤灰中的铝在酸性溶液中溶出率低的原因可能是由于硅溶解后生成了不可过滤的硅溶胶所致[98]。直接酸浸法的工艺流程见图 1. 14。

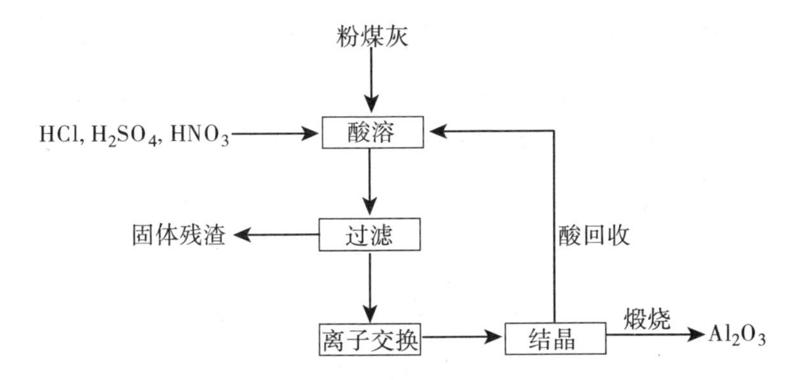

图 1.14 直接酸浸法工艺流程图[99]

李来时等[100] 将粉煤灰用硫酸浸取得到硫酸铝溶液，经过浓缩和煅烧后制得氧化铝，提取率为92.3%。法国 Pechiney 公司开发了一种硫酸法提铝新工艺，工艺流程见图 1.15[101]。在此工艺中，首先使粉煤灰与硫酸反应得到 $Al_2(SO_4)_3$ 粗溶液，然后经过滤、浓缩和结晶后得到 $Al_2(SO_4)_3$ ·

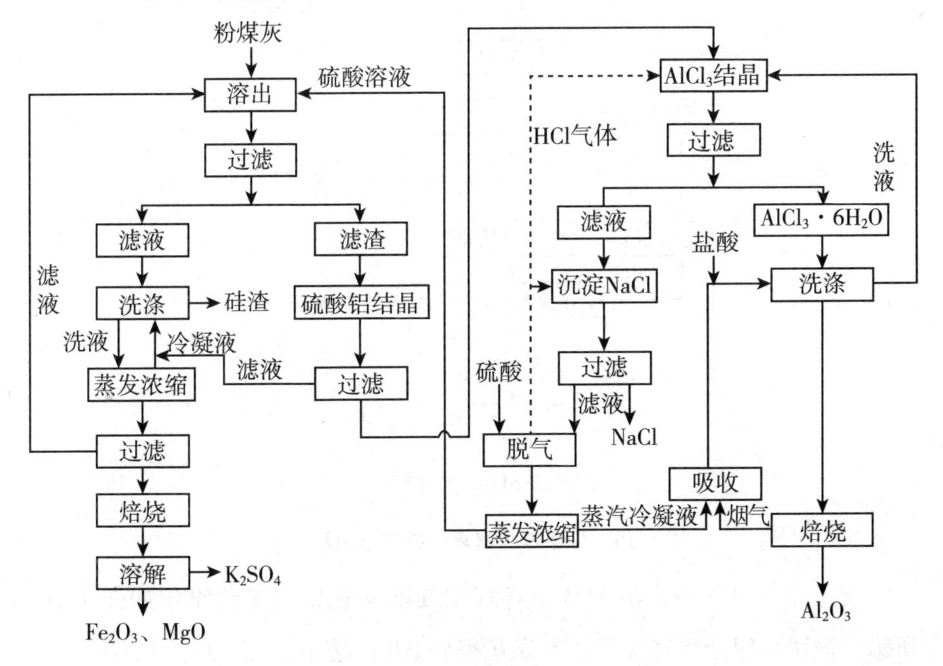

图 1.15 Pechiney 提取氧化铝工艺流程图[100]

$18H_2O$，再将其溶于 $AlCl_3$ 溶液，并通入 HCl 气体至饱和，得到 $AlCl_3 \cdot 6H_2O$ 晶体，最后经过焙烧后制得 Al_2O_3，提取率达到 90%。该工艺将 $Al_2(SO_4)_3 \cdot 18H_2O$ 晶体转变为 $AlCl_3 \cdot 6H_2O$ 晶体可以降低焙烧制氧化铝过程中的能耗，然而此法工艺复杂，并且使用强酸，对设备材质要求高。

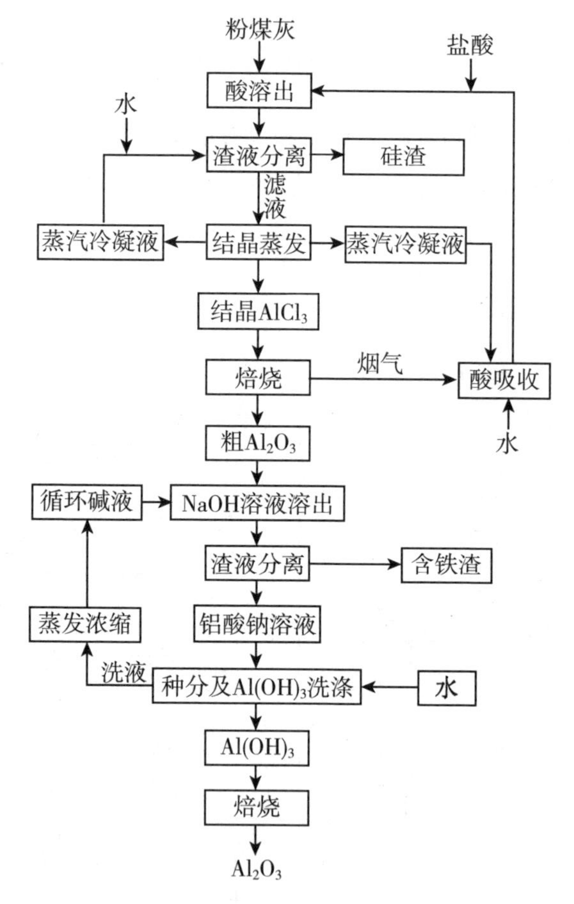

图 1.16　盐酸法提取氧化铝工艺流程[102]

袁兵[102] 以盐酸为溶剂从粉煤灰中提取氧化铝，工艺流程如图 1.16 所示。该法采用盐酸直接溶解粉煤灰得到 $AlCl_3$ 溶液，而 SiO_2 则不溶，从而实现硅铝分离，经过滤和浓缩后得到 $AlCl_3 \cdot 6H_2O$ 晶体，经焙烧后得到粗氧化铝。焙烧过程中产生的HCl气体经过吸收生成盐酸，再作为溶剂溶解粉煤灰，实现盐酸的循环利用。粗氧化铝采用氢氧化钠碱溶液除杂，脱除Fe^{3+}、Ca^{2+}和Mg^{2+}，再将制得的$NaAlO_2$溶液经过种分、洗涤，便可得到Al（$OH)_3$，将其焙烧后得到Al_2O_3。该法工艺流程较长，使用大量盐酸对设备和管道有腐蚀作用。

神华集团提出了一步酸溶法提取氧化铝工艺[103]，工艺流程见图1.17。该工艺采用盐酸在高温下溶解粉煤灰制得$AlCl_3$溶液，过滤分离不溶的SiO_2，将$AlCl_3$溶液采用树脂除杂，再经过蒸发结晶，得到$AlCl_3\cdot 6H_2O$晶体，最后经过焙烧得到氧化铝。该法工艺简单，能耗较低，但对设备要求较高。

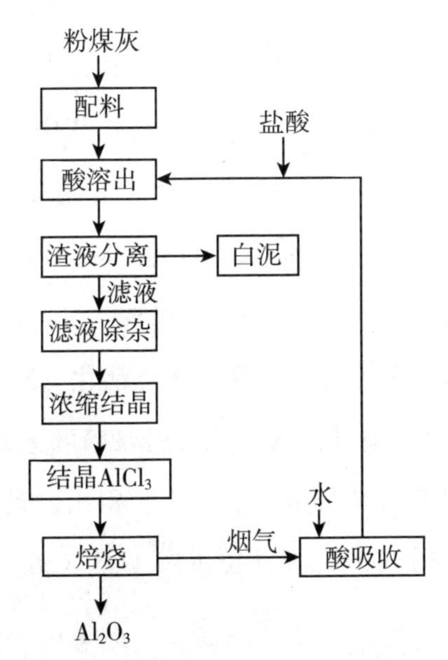

图1.17 一步酸溶法生产氧化铝工艺流程图[103]

2. 改进的酸浸法

采用直接酸浸法提取粉煤灰中的氧化铝提取率较低，为了提高提取率，许多研究者对直接酸浸法进行了改进。Wu等[104]采用加压酸溶法从粉煤灰中提取氧化铝，提取率达 82.4%。由于微波加热具有选择性、可控和高效加热的优点，可以加快无机和有机材料在酸中的溶解速度，有研究者将微波加热手段引入粉煤灰提取氧化铝的过程中，公明明[105]研究了微波加热—酸溶法提取粉煤灰中的铝，提取率大于 75%。赵剑宇等[106]采用酸性氟化氨溶液在低温下提取粉煤灰中的氧化铝，提取率达 97%，尽管此法能获得较高的氧化铝提取率，但氟化物会对环境产生污染。

3. 烧结联合酸浸法

由于酸浸法使用大量酸，在工业上受到限制，将烧结法和酸浸法相结合不仅可以克服酸浸法的缺点，而且可以提高氧化铝的提取率。Liu 等[107]和 Bai 等[108]研究了硫酸烧结联合酸溶法从粉煤灰中提取氧化铝，通过煅烧硫酸和粉煤灰的混合物，可以将粉煤灰中大部分铝先转变成可溶于水的硫酸铝，在较低的溶解温度下，氧化铝的提取率可以达到 70%~90%。Ji 等[109]在 900 ℃煅烧苏打和粉煤灰的混合物，然后用硫酸溶解煅烧熟料，氧化铝的提取率达 98%。Matjie 等[110]在 1 000~1 200 ℃煅烧 CaO 和粉煤灰的混合物，煅烧活化熟料采用 6.12 mol/L 的硫酸溶液在 80 ℃溶解 4 小时，氧化铝的提取率可达 85%。范艳青等[111]也采用硫酸化焙烧提取粉煤灰中的氧化铝，得出的最佳提铝条件为：焙烧温度 320 ℃，焙烧时间 2 h，采用的酸矿比为 1.6。在最佳条件下氧化铝的浸出率可达 87%。

4. 高温氯化法

Mehrotra 等[112]采用流化床反应器研究了粉煤灰的高温氯化，采用碳和一氧化碳作为还原剂，粉煤灰中 25%的铝可以在 900 ℃以上的高温下 2 h 内完成氯化，得到的氯化铝溶液采用电解法分解后就可以得到金属铝。

1.4.2.3 碱浸法

碱浸法是将粉煤灰与碱液直接混合，在一定条件下溶出，经过滤脱除铁、镁、钙等杂质，得到含铝酸钠和硅酸钠的溶液，再调节 pH 脱除二氧化硅，经过碳分、过滤和焙烧程序得到氧化铝。

粉煤灰碱溶的主要目的是为了提高 Al/Si 比，有利于提取氧化铝。但普通碱溶法因粉煤灰中 SiO_2 以莫来石形态存在，溶出率很低，仅 40%左右，无法完全分离[113]，增加了后续氧化铝提取的难度。邬国栋等[114] 研究了粉煤灰中的 Al_2O_3 和 SiO_2 在苛性钠溶液中的溶出行为。首先将粉煤灰在 950 ℃进行煅烧预处理，然后用 2~3 mol/L NaOH 溶液在 120~130 ℃溶解 4~6 h，SiO_2 和 Al_2O_3 溶出率分别为 29.33%和 1.26%，溶出比达 23.63，实现了铝和硅的初步分离。苏双青等[115] 采用两步碱溶提取粉煤灰中 SiO_2 和 Al_2O_3，第一步采用 8 mol/L NaOH 溶液在 95 ℃溶解粉煤灰，可以溶出 38%非晶态 SiO_2，经脱硅后的粉煤灰再配入适量 CaO，在 250~280 ℃的温度下，采用 18~20 mol/L NaOH 溶液进行第二步碱溶，制得 $NaAlO_2$ 溶液，再向 $NaAlO_2$ 溶液中加入 $Ca(OH)_2$ 降低苛性比，最后经过滤、脱硅、碳酸化处理后制得 $Al(OH)_3$，在第二步碱溶过程中 Al_2O_3 的提取率可达 85%。此法能耗低，污染小。

1.4.3 小结

从粉煤灰中提取氧化铝的方法主要包括：烧结法、酸浸法和碱浸法。各种方法的优缺点见表 1.2。根据各工艺的优缺点，石灰烧结法具有明显的优势。

表 1.2 粉煤灰提取氧化铝方法比较

方法		优点	缺点
烧结法	石灰烧结法	石灰成本低；烧结熟料自焚化可以避免粉碎；技术成熟	生成大量钙硅渣
	碱石灰烧结法	生成钙硅渣较少	能耗高；工艺复杂；纯碱成本高
	预脱硅联合碱石灰烧结法	同时提取氧化铝和白炭黑；固体渣量较少	工艺复杂，需多次过滤
	石膏烧结法	石灰耗量较少，采用稀酸溶解铝，同时提取其他金属	工艺复杂，可溶性杂质需要脱除
酸浸法	直接酸浸法	同时提取铝和其他金属	提取率低；使用大量酸；需要耐酸设备
	改进的酸浸法	提取率较高	能耗大
	烧结联合酸浸法	提取率较高	工艺复杂；能耗大
	高温氯化法	避免使用强酸和强碱；同时提取铝和其他金属	提取率低；能耗大
碱浸法	直接碱浸法	能耗较低	提取率低；使用强碱

1.5 选题依据及主要研究内容

1.5.1 选题依据

随着天然气需求量的急剧增大，煤制天然气成为了研究热点，煤的催化气化受到众多研究者的关注。煤催化气化最合适的反应器是流化床反应器，但是在煤催化气化的过程中由于加入了碱金属催化剂导致煤的灰熔点降低，从而使煤的流化床催化气化容易结渣，导致流化床反应器无法正常运行。为了解决煤流化床催化气化的结渣问题，采用具有高灰熔点的高铝煤作为气化煤种可以有效地解决煤流化床催化气化的结渣问题。然而高铝煤中的含铝矿物质容易与碱金属催化剂发生反应生成硅铝酸盐，致使碱金属催化剂失活，回收率低。如果能够从高铝煤催化气化灰中提取一部分氧化铝同时又能回收催化剂，这不仅可以提高催化剂的回收率，而且可以有效地降低催化剂的成本，从而可以提高高铝煤催化气化的整体经济性。因此高铝煤的催化气化具有重要的研究价值。针对上述问题，本课题提出以下研究内容，期望为高铝煤的流化床催化气化提供一定的理论指导。

1.5.2　主要研究内容

本文主要研究内容包括以下几方面：

①以 Na_2CO_3 作为催化剂，通过热重分析仪研究高铝煤焦的水蒸气催化气化反应性；在固定床反应器上研究 Na_2CO_3 催化剂在水蒸气气化过程中的变化，对高铝煤焦 Na_2CO_3 催化水蒸气气化特性进行深入研究。

②比较 Na_2CO_3 和 K_2CO_3 对高铝煤焦气化反应的催化作用，研究 Na_2CO_3 替代 K_2CO_3 作为高铝煤气化催化剂的可行性。

③采用不同溶剂淋洗的方法回收气化催化剂，同时研究催化剂在气化过程中的变迁和失活规律，研究催化剂的溶解和回收特性。

④采用石灰煅烧活化法从催化气化煤灰中提取氧化铝同时回收 Na_2CO_3 催化剂，获得适宜工艺操作参数，为烧结法回收气化催化剂的工艺开发提供基础依据。

1.5.3　研究思路

本文采用高铝煤作为实验煤样，首先研究 Na_2CO_3 催化气化高铝煤焦，确定 Na_2CO_3 催化气化高铝煤的可行性，然后研究 Na_2CO_3 催化剂在气化过程中的失活规律，确定合适的催化剂回收方法，最后研究烧结法提取催化气化煤灰中氧化铝同时回收钠催化剂的工艺条件。具体的实验流程如图

1.18 所示。

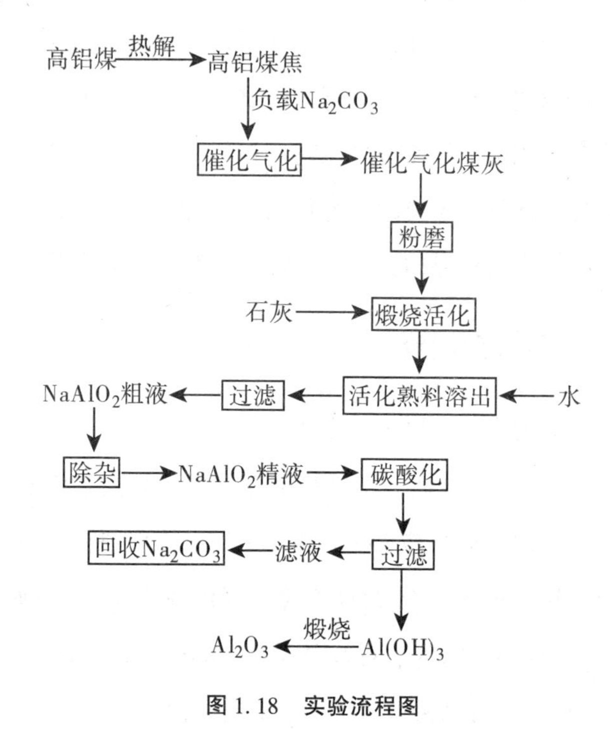

图 1.18　实验流程图

第2章

实验装置、实验方法及测试方法

2.1　实验装置

2.1.1　常压固定床快速制焦装置

在工业生产过程中，煤在流化床气化过程中的升温速率非常快，为了真实有效地模拟工业流化床中的升温过程，本文中煤焦试样均采用常压固定床快速制焦装置制备。常压固定床快速制焦装置结构如图 2.1 所示，主

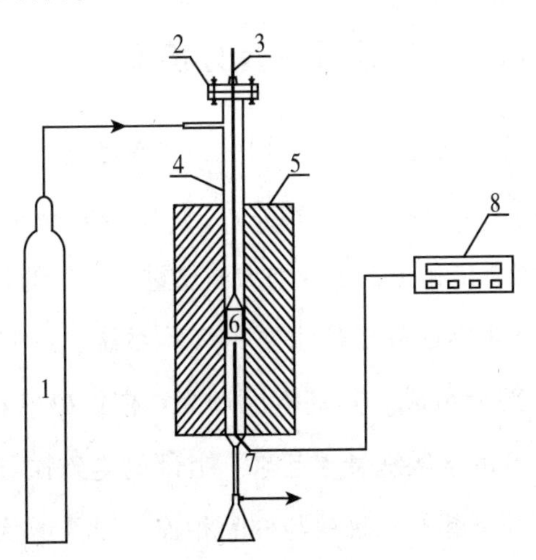

图 2.1　常压固定床快速制焦装置

1—N_2 钢瓶；2—法兰；3—不锈钢棒；4—反应器；5—电炉；6—刚玉坩埚；

7—热电偶；8—温控仪

要由进气系统、控温仪、电加热炉和进样系统组成。进样系统主要由不锈钢拉杆和刚玉坩埚吊篮两部分构成，刚玉坩埚吊篮可以挂到拉杆底部的挂钩上，拉杆上端穿过反应器顶部的密封法兰，法兰上端安装有密封部件，可以通过调节密封部件位置而上下移动拉杆，从而可以使刚玉坩埚吊篮处于反应管中的不同区域，实现煤样快速升温和煤焦快速冷却。

常压快速热解煤焦的制备方法如下：热解开始前，称取 10 g 煤样于坩埚吊篮中，将吊篮悬挂在不锈钢拉杆底端的挂钩上，调整拉杆位置使坩埚吊篮位于反应管的顶部，然后密封法兰；将反应管在 N_2 气氛（150 mL/min）下升温至 800 ℃；当系统稳定之后，迅速调整坩埚吊篮位置，使其位于反应器的恒温区内，开始快速热解反应；当热解反应结束后，再次调整拉杆将吊篮置于反应管上部的冷却区内，使制备的煤焦样品在 N_2 气氛中冷却到室温，然后将法兰打开，取出样品，放入干燥器中备用。在此快速热解制焦实验中，样品升温速率达到 200 ℃/s。

2.1.2 Rubotherm 磁悬浮热重分析仪

煤焦样品的水蒸气气化（由于本研究只考察水蒸气气化，所以以下简称气化）实验在德国 Rubotherm 公司生产的 Rubotherm 磁悬浮热重分析仪（TGA）上进行。图 2.2 和图 2.3 分别为该热重分析仪的外观图和结构原理图。Rubotherm 磁悬浮热重分析仪主要由气路系统、反应系统、天平头和循环水冷却系统四部分组成。其基本原理为：依据磁铁相互作用的原理，采用电磁铁将其下部的永磁铁悬浮起来。上部的电磁铁与天平相连，工作在常温常压状态。而下部的永磁铁与样品相连，以悬浮状态置于反应腔体内。通过磁耦合实现反应腔体内外隔离，同时将样品的质量信号传递给天平。反应过程中，通过电脑软件得到样品质量变化信号。磁悬浮热重分析仪有以下优点：①将高温气化反应系统和天平头分隔开，反应系统的温度、压力、腐蚀性、气流扰动不会直接作用于天平头，天平稳定性增加；②天平能够自动校正零点，数据的准确性提高。

图 2. 2　Rubotherm 磁悬浮热重分析仪外观图

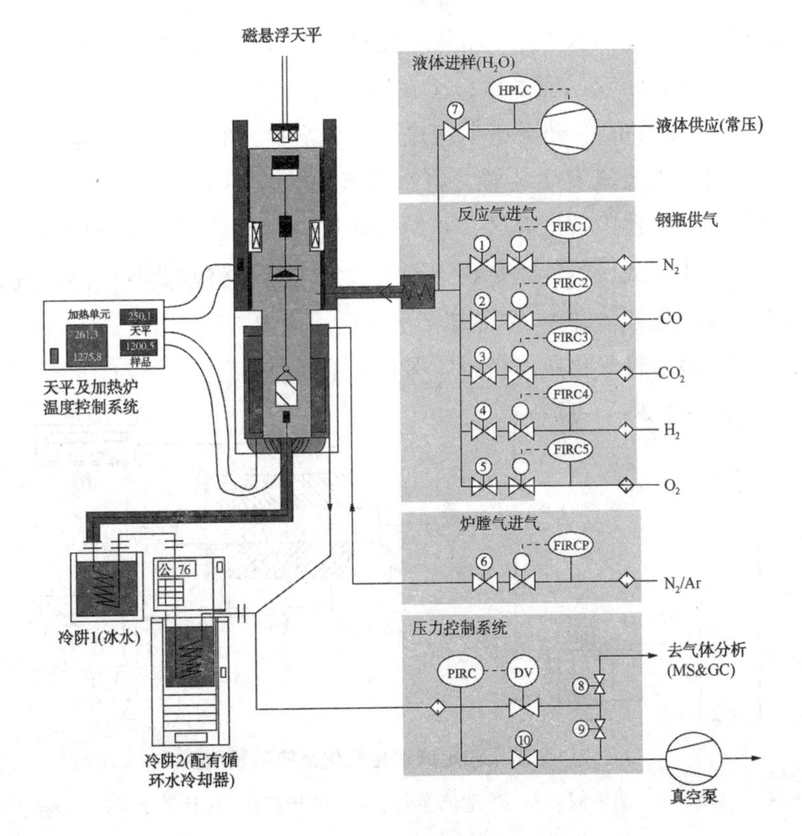

图 2. 3　Rubtherm 磁悬浮热重分析仪结构原理图

煤焦样品气化实验过程如下：①准确称取 10 mg 样品，放入直径为 13 mm、高为 2 mm 的铂金坩埚内；②将铂金坩埚放在托盘上，悬挂在永磁铁下端的挂钩上，然后缓慢地降下天平头，将系统密封；③启动水蒸气发生器，待其进入工作准备状态以后，设定气化条件参数，将样品在 N_2 保护下以 20 ℃/min 的速率加热到设定温度并保持恒温 30 min；④待系统稳定后通入水蒸气，开始进行气化反应；⑤当样品质量不变时，将水蒸气切换为 N_2 并吹扫 30 min，之后在 N_2 保护下降温至 50 ℃以下。

2.1.3 常压固定床催化气化反应装置

煤焦气化残渣在常压固定床反应器上制备，该装置结构示意图如图 2.4 所示，主要由进样系统、进气系统、加热系统和反应系统四部分组成。实验过程如下：①称取 1 g 样品装入瓷舟中，将瓷舟置于石英管反应器的进样口处，然后密封反应系统；②在 N_2 气氛（100 mL/min）下将反应器由室温以 10 ℃/min 的升温速率加热到设定温度，打开双柱塞泵，设定流量，同时打开水蒸气发生装置，将水蒸气通入反应器中；③系统稳定后，将瓷舟推入反应器中部恒温区，开始气化反应；④采用气相色谱仪检测反应器出口气体组成，当气体产物达到实验要求后，将水蒸气关闭，气化反应结束；⑤气化残渣在 N_2 中冷却至室温后，取出并放入烘箱中于 105 ℃烘干 2 小时，最后将气化残渣密封后保存于干燥器中。

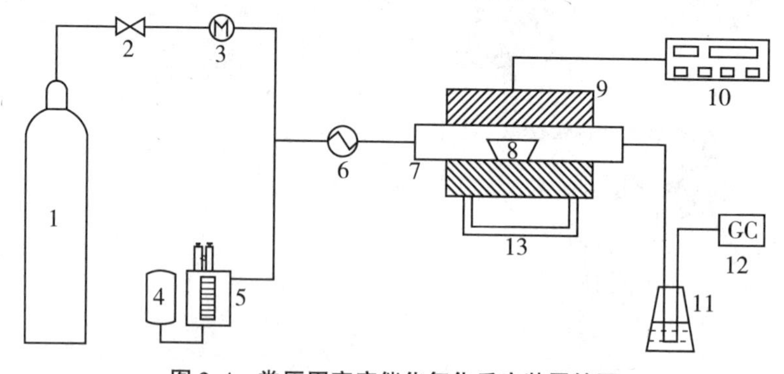

图 2.4 常压固定床催化气化反应装置简图

1—N_2 钢瓶；2—调节阀；3—质量流量计；4—水槽；5—双柱塞泵；6—加热带；7—石英管；8—瓷舟；9—电炉；10—温控仪；11—冷却系统；12—气相色谱仪；13—支架

2.1.4　高温马弗炉

煤焦催化气化灰采用如图 2.5 所示的 Kiss-1700 型高温马弗炉进行煅烧活化。煅烧活化的温度区间为 800~1 250 ℃。实验步骤为：①称取 1 g 样品放入坩埚中，将坩埚置于高温马弗炉炉膛的中部，关上炉门；②打开电源并设定升温程序，以 3 ℃/min 的升温速率将样品由室温加热到设定温度，并在该温度下煅烧活化一定的时间，样品自然冷却至室温。

图 2.5　Kiss-1700 型高温马弗炉

2.1.5　灰熔点测定仪

煤灰样品的灰熔点采用中国鹤壁生产的 HR-A5 型灰熔点测定仪进行测定，其结构如图 2.6 所示，主要包括灰锥模体、加热炉、温控仪和视频图像系统。加热炉主要由刚玉管和加热组件构成，温控仪采用 PID 控温，视频图像系统采用 CCD 摄像技术，能够拍摄灰锥在加热过程中的形状变化，并记录对应的温度，确定煤灰的熔融特性温度。该灰熔点测定仪的最高测定温度为 1 500 ℃。

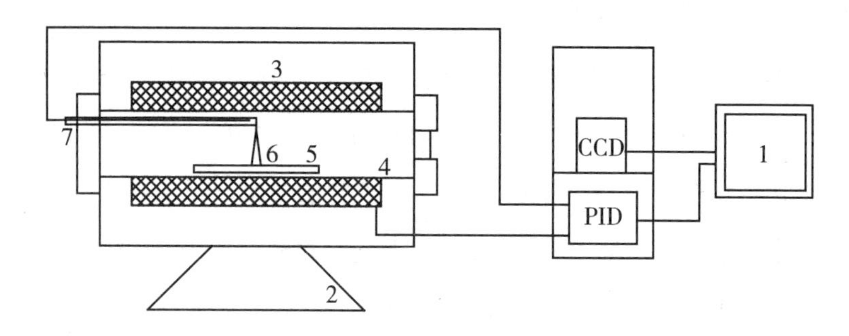

图 2.6 灰熔点测定仪示意图

1—计算机；2—支架；3—硅碳棒；4—刚玉管；5—刚玉瓷舟；6—灰锥；7—热电偶

2.2 实验原料和实验方法

2.2.1 煤样特性和实验试样的选择

2.2.1.1 煤样的选择

以内蒙古孙家壕烟煤作为实验原煤。实验过程中将煤样粉碎至粒径小于 120 目作为实验样品，标记为 SJH。按照 GB/T 212—2008 和 GB/T 31391—2015 进行煤样的工业分析和元素分析，结果见表 2.1。根据 GB/T 7560—2001 进行煤样的灰成分分析，结果见表 2.2。

表 2.1 孙家壕原煤的工业分析和元素分析

工业分析（wt. % ad）				元素分析（wt. % daf）				
M	V	A	FC	C	H	N	S	O*
2.3	29.6	16.9	51.2	78.8	4.9	1.5	0.8	14.0

ad：空气干燥基；daf：干燥无灰基；*：差减法。

表 2.2　孙家壕原煤的灰成分组成

成分	SiO_2	Al_2O_3	Fe_2O_3	CaO	MgO	TiO_2	SO_3	K_2O	Na_2O	P_2O_5
组成（%）	36.29	46.34	6.38	2.61	2.18	3.57	0.45	0.42	0.76	0.03

2.2.1.2　煤样矿物相组成

为了考察铝元素在煤中的赋存形态，对原煤的矿物相组成进行 X 射线衍射（XRD）分析，结果如图 2.7 所示。由图可知，原煤中的主要矿物相为高岭石和勃姆石，说明铝在孙家壕煤中主要以高岭石和勃姆石的形态存在。

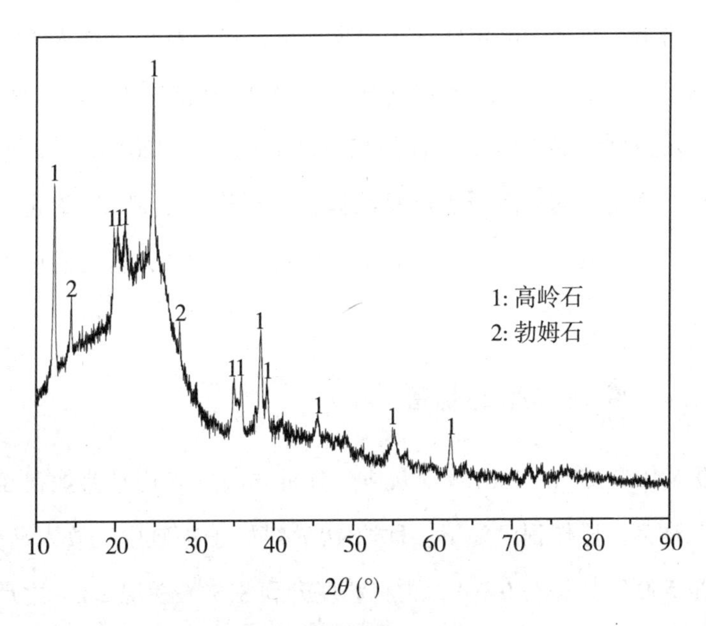

图 2.7　孙家壕原煤的 XRD 谱图

2.2.1.3　实验试样的选择

TGA 气化和固定床气化实验均采用煤焦而非原煤作为实验试样，而催化气化实验时在煤焦上负载催化剂。原因如下：①碱金属碳酸盐对煤的热解有催化作用，因此纯煤样和添加碱金属煤样所制备的煤焦结构不同。为了消除挥发分对气化的干扰，TGA 通常采用煤焦作为实验样品。为了使固定床气化实验和 TGA 气化实验所采用的样品一致，因此均选用煤焦作为实验试样；②避免催化剂在煤热解过程中的损失，准确确定催化剂负载量。

2.2.2 脱灰煤焦的制备

根据 GB/T 7560—2001《煤中矿物质的测定方法》制备脱灰煤焦，制备方法如下：① 称取 40 g 煤焦置于 500 mL 聚四氟乙烯烧杯中，加入 5 mol/L 盐酸 320 mL，在恒温水浴（50~60 ℃）内搅拌 45~50 min，过滤，洗涤；②将上一步得到的焦样置于原聚四氟乙烯烧杯中，加入 19.9 mol/L 的氢氟酸 160 mL，在恒温水浴（50~60 ℃）中搅拌 1 h，过滤、洗涤；③向上一步得到的煤焦样品中加入 12 mol/L 的盐酸 320 mL，重复步骤 1，过滤之后，用温热的去离子水反复洗涤，直到检测不到 Cl^-为止，将制备的脱灰煤焦样品放入真空干燥箱中在 105 ℃干燥 24 h，密封后放入干燥器中备用。

2.2.3 煤灰样品的制备

根据 GB/T 1574—2007《煤灰成分分析方法》采用马弗炉在 815 ℃下制备煤灰样品。操作程序如下：称取 10 g 煤样于灰皿中，放入马弗炉中。先升温至 500 ℃并保持 0.5 h，再将温度升到 815 ℃燃烧 2 h。之后将样品取出冷却，密封后置于干燥器中备用。

2.2.4 催化剂的选择及负载

由于碱金属的碳酸盐是煤催化气化有效的催化剂，所以本文选用 Na_2CO_3 和 K_2CO_3 作为煤焦气化反应的催化剂。

催化剂的负载方法有三种：物理混合法、浸渍法和离子交换法。物理混合法难以确保将催化剂与煤焦混合均匀，离子交换法负载程序复杂，所以本实验中采用浸渍法将催化剂负载到煤焦样品中。浸渍法负载催化剂的实验方法如下：①以 10 g 干燥的煤焦样品质量为基准，准确称取一定量的催化剂并将其溶入 100 mL 去离子水中；②将 10 g 煤焦样品放入催化剂溶液中，在 70~80 ℃的恒温水浴锅中搅拌 40 min；③将煤焦样品放入真空干燥箱中于 105 ℃干燥至质量不变，最后将制备的焦样放入干燥器中储存。

2.2.5　钠催化剂回收

分别采用水洗法、乙酸铵洗涤法、饱和石灰水洗涤法和盐酸洗涤法回收煤焦 Na_2CO_3 催化气化灰中的钠催化剂。具体的回收方法如下：准确称取 0.5 g 催化气化灰样于 400 mL 烧杯中，分别采用去离子水、1 mol/L 乙酸铵溶液、饱和石灰水和稀盐酸（1∶1）作为溶剂，加入 100 mL 溶剂于烧杯中，置于 60 ℃的恒温水浴锅中搅拌 2 h，过滤，用热的去离子水洗涤 6~8 次，将滤液定容到 500 mL，移入塑料试剂瓶中用来测定钠催化剂的回收率。

2.2.6　催化气化煤灰的活化

催化气化煤灰活化方法如下：将 1 g 灰样和一定量 $Ca(OH)_2$ 活化剂放入玛瑙研钵中研磨，使灰样和 $Ca(OH)_2$ 混合均匀。然后将样品置于瓷坩埚中并放入高温马弗炉中在设定温度下煅烧活化。活化结束后自然冷却至室温，研磨至粒径小于 120 目，制得熟料样品，放入干燥器中用于分析测试和后续实验。

2.2.7 活化熟料中铝的溶出

活化熟料中铝的溶出过程如下：准确称取 1 g 活化熟料置于 300 mL 烧杯中，加入 50 mL 去离子水，在设定温度下溶解一定时间，然后过滤，定容至 100 mL，用于铝溶出率的测定。

2.2.8 活化熟料中铝溶出率的测定

按照 GB/T 1574—2007 采用氟盐取代 EDTA 络合滴定法测定活化熟料中铝的溶出率。具体操作步骤是：①用移液管吸取 10 mL 在 2.2.7 节中制备的熟料滤液于 250 mL 烧杯中。依次分别加入约 100 mL 去离子水、10 mL EDTA 溶液、1 滴二甲酚橙指示剂；②用氨水中和至刚出现浅藕合色，再加入冰乙酸溶液至浅藕合色消失，然后加入乙酸—乙酸钠缓冲溶液 10 mL，于电炉上微沸 3~5 min，取下，冷至室温；③加入二甲酚橙指示剂 4~5 滴，立即用乙酸锌溶液滴定至橙红（或紫红）色；④加入氟化钾溶液 10 mL，煮沸 2~3 min，冷至室温，加二甲酚橙指示剂 2 滴，用乙酸锌标准溶液滴定至橙红（或紫红）色，即为终点。

熟料中氧化铝的提取率按下式计算：

$$\omega(Al_2O_3)=\frac{0.5\times T(Al_2O_3)\times V}{m}-0.638\omega(TiO_2) \qquad (2-1)$$

式 2-1 中：

$\omega(Al_2O_3)$：Al_2O_3 的百分含量（%）；

$T(Al_2O_3)$：乙酸锌标准溶液对三氧化二铝的滴定度，单位为毫克每毫升（mg/mL）；

V：试液所耗乙酸锌标准溶液的体积，单位为毫升（mL）；

m：灰样的质量，单位为克（g）；

$\omega(TiO_2)$：TiO_2 的百分含量（%）；

0.638：由二氧化钛换算为三氧化二铝的因数。

2.2.9　化学试剂

本文实验中使用的化学试剂见表2.3。

表2.3　实验所用化学试剂

试剂名称	纯度等级	生产厂家
盐酸	分析纯	国药集团化学试剂有限公司
氢氟酸	分析纯	国药集团化学试剂有限公司
无水碳酸钠	分析纯	天津市恒兴化学试剂制造有限公司
无水碳酸钾	分析纯	天津市天力化学试剂有限公司
乙酸铵	分析纯	天津市北辰方正试剂厂
氢氧化钙	分析纯	天津市天力化学试剂有限公司
乙酸锌	分析纯	天津市北辰方正试剂厂
乙二胺四乙酸二钠	分析纯	天津市天力化学试剂有限公司
乙酸	分析纯	天津市天力化学试剂有限公司
无水乙酸钠	分析纯	天津市天力化学试剂有限公司
氟化钾	分析纯	天津市北辰方正试剂厂
二甲酚橙	化学纯	天津市天力化学试剂有限公司
氨水	分析纯	天津市北辰方正试剂厂
硝酸铝	优级纯	天津市津科精细化工研究所
硅铝酸钠	化学纯	河南万达化试剂有限公司
石墨	分析纯	天津市东丽区天大化学试剂厂
活性炭	商业用	山西新华活性炭有限公司
糊精	生化试剂	天津市北辰方正试剂厂

2.3 测试方法

2.3.1 灰熔点和烧结性测定

2.3.1.1 灰熔点测定

根据GB/T 219—2008《煤灰熔融性的测定方法》测定煤的灰熔点。首先向煤灰中加入糊精溶液，制成三角灰锥，在空气中干燥24 h。将三角灰锥放入灰熔点测试仪中升温，随着温度的升高灰锥发生变形，灰熔点测试仪会记录灰锥的形状和相应的温度。根据灰锥的形状确定煤灰的变形温度（Deformation temperature）、软化温度（Soften temperature）、半球温度（Hemisphere temperature）和流动温度（Flow temperature）。

2.3.1.2 烧结性测定

采用马弗炉烧灰结合渣样压解分类方法研究煤灰烧结特性[115-117]。称取2 g负载一定量Na_2CO_3的煤样于瓷舟中，放入马弗炉中，在一定的温度下烧1 h，然后取出冷却至室温，用手指轻压将灰样破碎，根据破碎后灰样的状态确定烧结性。按照手指处理后煤灰粉末的状态可将灰样分为以下五种类型：①未烧结，煤灰呈粉末状态或轻压成粉末状态；②轻微烧结，用手指轻压之后煤灰变成小块；③轻度烧结，当用手指大力压后煤灰才变为小块；④严重烧结，煤灰强度很大，采用手指无法压碎，煤灰已部分熔融；⑤严重熔融，煤灰强度极大，严重收缩，内部膨胀形成孔洞。

2.3.2 灰成分、催化气化灰和活化熟料成分测定

利用Thermo ICAP 6300电感耦合等离子体原子发射光谱仪（ICP）测

定煤灰、煤焦灰分、催化气化灰和活化熟料中的元素含量，并以对应氧化物的形式给出。

2.3.3　X 射线衍射分析（XRD）

煤样、负载催化剂的煤焦试样、煤焦催化气化残渣及活化熟料的物相组成采用 Bruker D8 Advance X 射线粉末衍射仪进行测定。测定过程中首先把样品研磨至粒径小于 0.074 mm，然后放入样品槽中进行测定。分析测试条件如下，管电压和管电流分别为 30 kV 和 15 mA，$K\alpha_1=0.154\,08$ nm，衍射角范围为 5°~90°，扫描步长为 4°/min，以确定样品的矿物相组成。

2.3.4　红外光谱（FT-IR）分析

利用 Nicolet is50 FT-IR 光谱仪测定样品的结构变化，采用 KBr 压片，样品和 KBr 的质量比为 1∶200，扫描波长范围为 4 000~400 cm^{-1}，扫描步长为 1.928 cm^{-1}，扫描次数为 32 次。

2.3.5　扫描电镜/电子能谱测试（SEM-EDX）

煤焦催化气化残渣及所制氧化铝产品的表面形貌采用美国 FEI，NavaNano 430 型扫描电子显微镜（SEM）进行分析，样品的元素分布和组成使用 KEVEX，Sigma 电子能谱仪（EDX）进行分析，测定电压为 20 kV。

2.3.6　比表面积

采用 Micromeritics ASAP 2000 测定煤焦样品和气化残渣的比表面积。测试过程中用 N_2 作为吸附剂，在 77 K 进行吸附，采用 BET 方法确定样品的总比表面积。

2.3.7 拉曼光谱分析

为了研究催化气化过程中煤焦结构的变化，采用英国生产的 Renishaw inVia 拉曼光谱仪测定不同转化率下煤焦催化气化残渣的结构。Renishaw inVia 拉曼光谱仪采用 Ar 激光，激发波长为 514.5 nm，功率为 1 mW，激光点扫的直径为 1 μm。

第3章

Na_2CO_3 催化高铝煤焦水蒸气气化特性研究

关于煤的 Na_2CO_3 催化气化，众多研究者已经进行了大量研究。研究内容主要集中在以下几个方面：①Na_2CO_3 催化气化反应性的评价和影响因素[22-24, 118]；②催化气化反应动力学[20, 119]；③催化气化产品气体组成与变化规律[20, 118]；④气化过程中催化剂的物化特性变化[120, 121]。但催化气化过程中，煤中矿物质容易和 Na_2CO_3 发生反应生成硅铝酸钠而使催化剂失活。因此为降低煤中矿物质对煤催化气化的不利影响，研究人员所选用的原料煤主要集中在低灰煤或脱灰煤[122, 123]。但仍有少量研究者对煤中矿物质与催化剂的作用规律进行了考察。Kosminski 等[40] 研究了钠在煤气化过程中与高岭石之间的反应，发现钠与高岭石反应主要生成了硅铝酸钠霞石，此反应在水蒸气中比在 N_2 和 CO_2 气氛中更容易发生。Wang 等[42] 研究了催化气化过程中催化剂的变迁，发现碱金属催化剂的失活量与煤中铝的含量呈线性关系。表明碱金属催化剂的失活与煤中的铝有很大关系。

高铝煤通常是指煤灰中氧化铝含量大于 30% 的煤[124, 125]，是提取氧化铝的理想煤种。然而关于高铝煤催化气化的研究尚不多见。因此，有必要系统研究高铝煤的催化气化特性。

本章通过 Na_2CO_3 催化高铝煤焦气化的研究，考察 Na_2CO_3 作为高铝煤气化催化剂的活性及活性变化行为，为高铝煤的催化气化提供一定的理论指导。

3.1 实验部分

3.1.1 样品的选取与制备

本实验选用内蒙古的孙家壕煤作为实验煤样，将煤样粉碎至粒径小于120 μm。实验前，通过快速热解将煤样制成煤焦，标记为SJHC。煤焦制备方法见2.1.1节。

为了考察灰分对煤焦气化反应性的影响，采用盐酸和氢氟酸交替洗涤的方法脱除煤焦中的矿物质。并采用2.2.2节所述方法制备脱灰煤焦，标记为SJHAC。煤焦和脱灰煤焦样品的工业分析、元素分析见表3.1，灰成分组成列于表3.2。

表3.1 孙家壕煤焦和脱灰煤焦的工业分析和元素分析

试样	工业分析（wt.% ad）				元素分析（wt.% daf）				
	M	V	A	FC	C	H	N	S	O*
SJHC	0.4	2.4	20.1	77.1	94.4	0.9	1.3	0.8	2.6
SJHAC	0.4	2.4	4.8	92.4	94.2	1.2	1.2	0.8	2.6

ad：空气干燥基；daf：干燥无灰基；*：差减法。

表3.2 孙家壕煤焦和脱灰煤焦的灰成分分析

成分		SiO_2	Al_2O_3	Fe_2O_3	CaO	MgO	TiO_2	SO_3	K_2O	Na_2O	P_2O_5
组成（%）	SJHC	36.09	46.64	6.58	2.51	2.08	3.50	0.43	0.27	0.42	0.04
	SJHAC	10.21	52.28	32.50	0.83	0.46	0.67	0.88	0.02	0.09	0.06

3.1.2　实验方法

3.1.2.1　催化剂的选择与负载

为了考察 Na_2CO_3 对煤焦气化反应性的影响，本实验采用 Na_2CO_3 作为催化剂。采用浸渍法添加催化剂，负载量在 0~40%之间，催化剂负载方法见 2.2.4 节。

3.1.2.2　煤焦的气化

煤焦气化实验在 Rubotherm 磁悬浮热重分析仪（见图 2.2）上进行，在 N_2 气氛中将反应系统分别升温到 700、750、800、850、900、950 和 1 000 ℃后，稳定 30 min 后，引入水蒸气（200 mL/min，40% N_2+60% H_2O），当样品的质量不变时气化反应完成。详细的实验方法见 2.1.2 节。预实验证明，在此条件下外扩散的影响可以忽略不计。

3.1.2.3　煤焦催化气化残渣的制备

为了考察催化剂在煤焦催化气化过程中的演变，将不同碳转化率下的气化残渣进行矿物相分析。所用煤焦催化气化残渣在图 2.4 所示的常压固定床催化气化反应装置上制备，制备方法见 2.1.3 节。

3.1.3　样品的分析表征

采用 XRD 对不同碳转化率下催化气化残渣的矿物相组成进行表征，测定条件参见 2.3.3 节。煤焦和催化气化残渣的 BET 比表面积在 Trista 3000 吸附仪上测定。测试条件见 2.3.6 节。采用 Renishaw inVia 拉曼光谱仪测定不同碳转化率下催化气化残渣的炭结构，测定条件见 2.3.7 节。采用 HR-A5 型灰熔点测定仪测定原煤灰和负载 15% Na_2CO_3 煤灰样品的灰熔点，测定方法见 2.3.1 节。按照 2.3.1 节所述的方法测定负载催化剂煤灰的烧结性。

3.1.4 计算方法

煤焦催化气化过程中碳转化率（X）按照式（3-1）计算得到。

$$X = \frac{m_0 - m_t}{m_0 - m_\infty} \tag{3-1}$$

其中，m_0 表示样品气化前的质量，m_t 表示 t 时刻样品的质量，m_∞ 表示煤焦气化结束后残渣的质量，实际上 m_∞ 是灰分和催化剂的总质量。

为了考察催化剂负载量对煤焦气化反应性的影响程度，采用反应性指数 R_s[126] 表示不同催化剂负载量的煤焦气化反应性。反应性指数 R_s 的计算公式如下：

$$R_{0.5} = \frac{0.5}{\tau 0.5} \tag{3-2}$$

在公式（3-2）中，$\tau_{0.5}$ 代表达到50%碳转化率所需的时间（min）。

3.2 结果与讨论

3.2.1 温度对煤焦气化反应性和 Na_2CO_3 催化作用的影响

温度是气化反应性最重要的影响因素之一。为了考察温度对煤焦气化反应性的影响，在 700～1 000 ℃的温度区间内进行煤焦气化反应性测定，结果如图 3.1 所示。由图 3.1 可知，煤焦气化反应性对温度变化极其敏感，随着温度升高，气化反应性显著增大。文献[6, 24] 也考察了温度对煤焦气化反应性的影响，得到了与本实验相似的结果。在 700～850 ℃的温度区间内，煤焦气化反应性很差，在此温度区间内，气化反应速率很慢，气化过程为化学反应控制。Schmal 等[127] 研究了烟煤在 800～1 000 ℃温度范围内的气化反应性，也发现温度对煤的水蒸气气化反应性有重要影响，认为在此温度区间内气化反应是速率控制步骤。

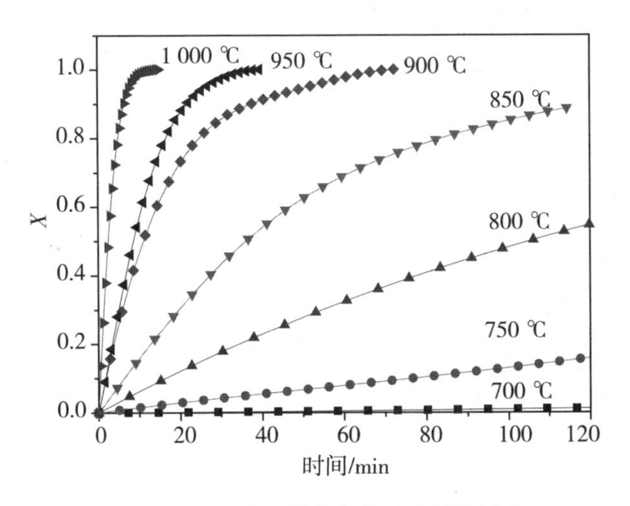

图 3.1　温度对煤焦气化反应性的影响

为了考察温度对煤焦催化气化反应性的影响，将负载 10% Na_2CO_3 的煤焦分别在 700 ℃、750 ℃、800 ℃和 850 ℃进行气化反应性测定，结果见图 3.2。由图可知，温度对煤焦催化气化反应性有重要的影响，随温度升

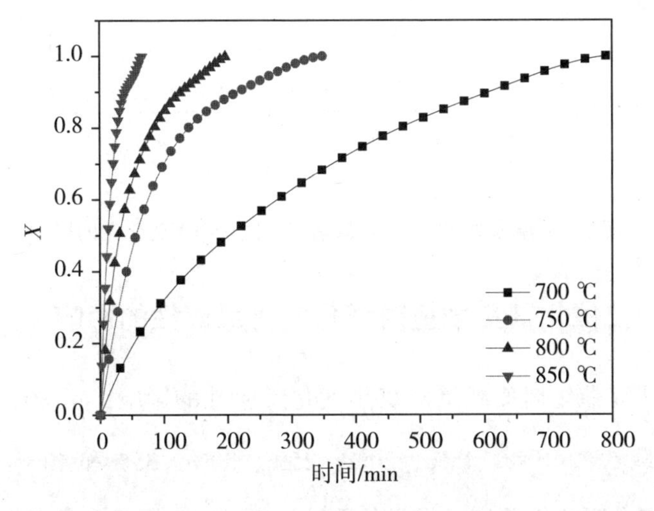

图 3.2　温度对负载 10% Na_2CO_3 煤焦气化反应性的影响

高，反应性急剧增大。虽然添加 10% Na_2CO_3 煤焦的气化反应性比相应温度的非催化气化反应性有所增大，但是在 700 ℃和 750 ℃的气化反应性仍然较低，所以，在后续实验中选择 800 ℃作为气化反应温度。

为了考察温度对 Na_2CO_3 催化作用的影响，将负载 10% Na_2CO_3 的煤焦和不添加催化剂的煤焦在 60 min 时的碳转化率相比，然后对温度作图，得到 $X_{SJHC+10\%\ Na_2CO_3}/X_{SJHC}$–T 图（见图 3.3）。由图可知，$X_{SJHC+10\%\ Na_2CO_3}/X_{SJHC}$ 随着温度的升高而逐渐减小，当气化温度为 700 ℃时，$X_{SJHC+10\%\ Na_2CO_3}/X_{SJHC}=44.9$，当气化反应温度为 850 ℃时，$X_{SJHC+10\%\ Na_2CO_3}/X_{SJHC}=1.4$，表明气化温度越低，$Na_2CO_3$ 对气化反应的催化作用越显著。

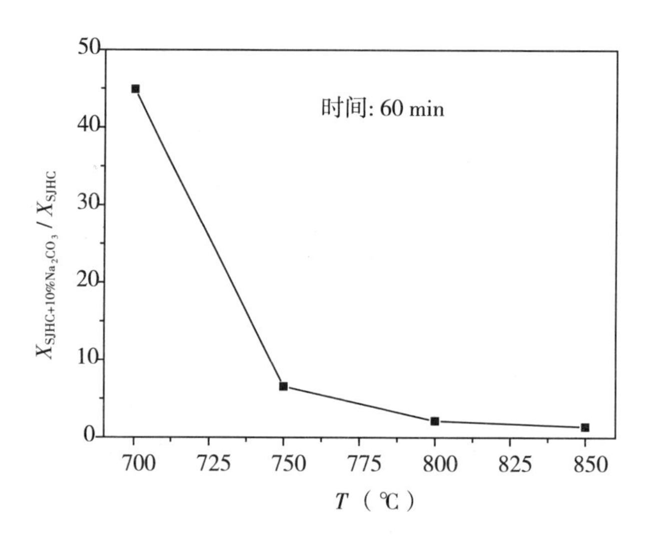

图 3.3 温度对 Na_2CO_3 在煤焦气化过程中催化作用的影响

3.2.2 催化剂负载量对煤焦气化反应性的影响

为了研究催化剂负载量对煤焦气化反应性的影响，在 800 ℃下利用 TGA 对负载 5%、10%、15%、20%、25%、30%、35%和 40% Na_2CO_3 的煤焦进行气化反应性测定，结果如图 3.4 所示。由图 3.4 可以看出，随催化剂负载量增大，气化反应性逐渐增大。Wang 等[128] 也研究了催化剂负载量对反应性的影响，得出的结论与本研究相似。值得注意的是当 Na_2CO_3 负载量大于 35%时，气化反应性不再增大，反而减小，表明 Na_2CO_3 的负载量达到饱和。然而文献[129] 报道了五台气煤催化气化过程中 Na_2CO_3 的饱和负载量为 25%，Ding 等[121] 在研究神府煤的催化气化时提出 Na_2CO_3 的饱和负载量介于 10%和 15%，也小于本实验得出的 Na_2CO_3 饱和负载量。这可能与采用的煤种不同和实验条件的差异有关。

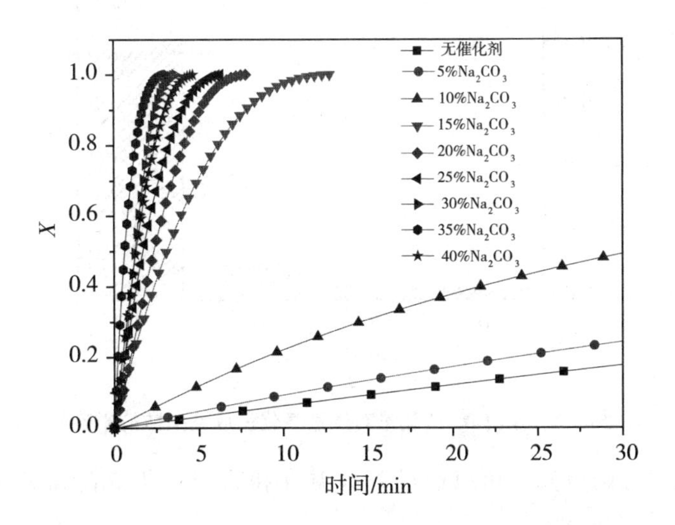

图 3.4　Na_2CO_3 负载量对煤焦 800 ℃气化反应性的影响

此外，由图 3.4 还可以看出，当 Na_2CO_3 负载量为 5%时，反应性比没有负载催化剂煤焦样品的反应性略微增大，当 Na_2CO_3 负载量大于 10%时，反应性急剧增大。为了定量地描述催化剂负载量对煤焦气化反应性的影响程度，引入反应性指数来比较负载 5%、10%和 15% Na_2CO_3 煤焦的气化反应性，结果如图 3.5 所示。由图 3.5 可知，负载 5%、10%和 15% Na_2CO_3 后，反应性指数 $R_{0.5}$ 较非催化气化反应分别提高了 28%、240%和 3 300%。

当 Na_2CO_3 负载量超过 10%后，反应性指数显著增大，其原因可能与催化气化过程中催化剂的失活有关，当 Na_2CO_3 负载量为 5%时，催化剂几乎全部失活，因此反应性指数增加较少，当 Na_2CO_3 负载量为 15%时，失活催化剂的量与负载的催化剂总量的比值小于负载量为 5%和 10%时的比值。因此，随着催化剂负载量的增加，反应性指数增大，当负载量超过 10%时，反应性指数急剧增大。

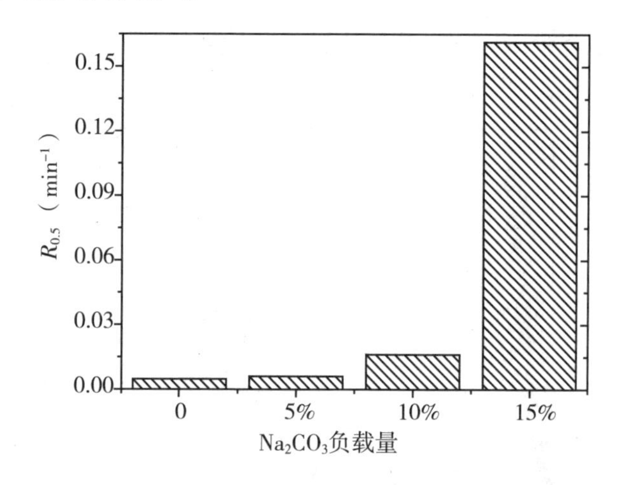

图 3.5　Na_2CO_3 负载量对煤焦气化反应性指数的影响

由上述讨论可知，可以通过升高温度和添加催化剂提高煤焦的气化反应性。为了考察提高气化温度和添加催化剂提高煤焦气化反应性之间的联系，将煤焦在 1 000 ℃时的非催化气化反应性和负载 15% Na_2CO_3 煤焦在 800 ℃时的气化反应性进行比较，结果如图 3.6 所示。由图 3.6 可以看出，不添加催化剂的煤焦在 1 000 ℃气化时需要 14 min 完全气化，而负载 15% Na_2CO_3 煤焦在 800 ℃气化仅需 13 min 即可完全气化，二者完全气化所用的时间基本相同，这表明负载 15% Na_2CO_3 相当于将气化温度降低 200 ℃。

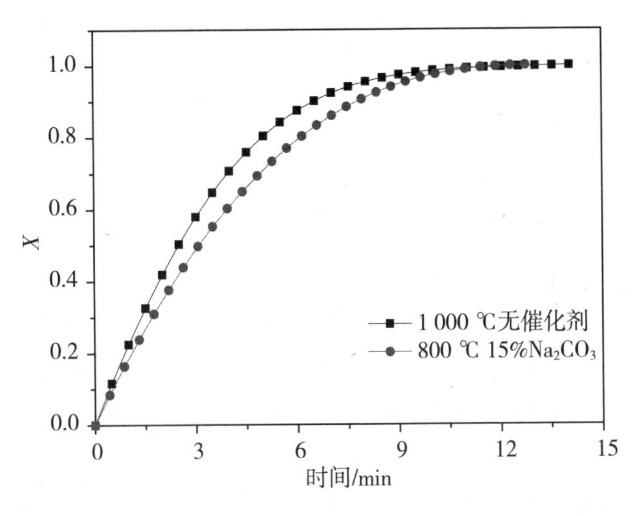

图 3.6　1 000 ℃非催化气化和负载 15% Na_2CO_3 煤焦 800 ℃气化反应性的比较

3.2.3　灰分对煤焦气化反应性的影响

为了考察灰分对煤焦气化反应性的影响，按照 GB/T 7560—2001 将煤焦中的灰分脱除。然后将脱灰煤焦分别负载 5%、10% 和 15% 的 Na_2CO_3 并采用 TGA 在 800 ℃下进行气化反应性实验，结果如图 3.7 所示。从图 3.7 可以看出，煤焦和脱灰煤焦都不添加催化剂时，脱灰煤焦的反应性稍微小于不脱灰煤焦的反应性，说明煤焦中的灰分有一定的催化作用。Hattingh 等[130] 在研究南非煤的 CO_2 气化反应性时也发现煤灰中的矿物质有一定的催化作用。但对于催化剂负载量相同的煤焦样品，脱灰煤焦的气化反应性均大于不脱灰煤焦的气化反应性。表明灰分降低了煤焦的催化气化反应性。此外，煤焦和脱灰煤焦气化反应性均随催化剂负载量的增大而增大。

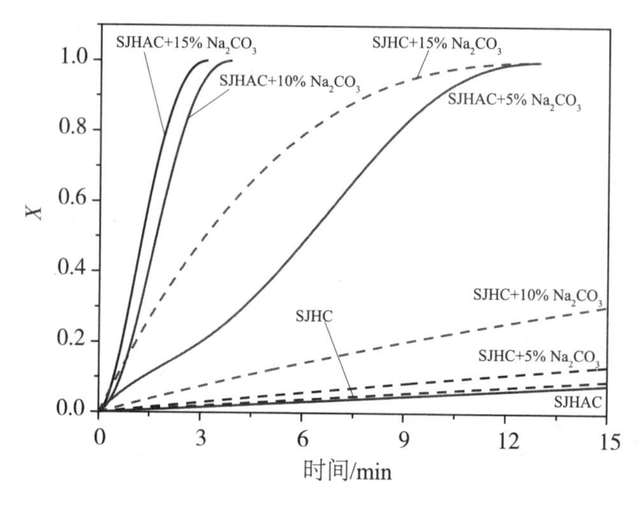

图 3.7　负载 0~15% Na_2CO_3 的煤焦和脱灰煤焦 800 ℃气化反应性的比较

3.2.4　Na_2CO_3 对煤灰熔融特性和烧结性的影响

3.2.4.1　Na_2CO_3 对煤灰熔融特性影响

为了考察碱金属催化剂对煤灰熔融特性的影响，采用灰熔点测定仪测定了原煤和负载 15% Na_2CO_3 煤样的灰熔融温度。测定结果见表 3.3。由表 3.3 可知，Na_2CO_3 的加入使得煤灰熔点显著降低，与文献[43] 得出的结论一致。

表 3.3　原煤和负载 15% Na_2CO_3 煤灰熔融温度

样品	DT* （℃）	ST* （℃）	FT* （℃）
SJH	>1 500	>1 500	>1 500
SJH+15% Na_2CO_3	1 002	1 416	1 440

DT*，变形温度；ST*，软化温度；FT*，流动温度。

3.2.4.2　Na_2CO_3 对煤灰烧结性的影响

图 3.8 是负载 5%、10%、15%和 20% Na_2CO_3 原煤 800 ℃燃烧灰样的

图片。由图 3.8（a）可知，添加 Na_2CO_3 的煤样在燃烧后有结块产生，而且烧结程度随 Na_2CO_3 负载量的增大而变大。图 3.8（b）是经过手指处理后的燃烧灰样的图片，当负载 5%和 10% Na_2CO_3 时，虽然燃烧后煤灰会出现结块现象，但是用手指轻压后，煤灰仍然呈粉末状态，表明煤灰未烧结。当 Na_2CO_3 负载量为 15%时，燃烧煤灰烧结程度增加，煤灰强度较大，用手指压后有部分煤灰呈小颗粒状态存在，表明为轻微烧结。对于添加 20% Na_2CO_3 的煤灰，烧结程度明显增大，手指用力压之后仍然呈大颗粒状态，表明为严重烧结。

（a）　　　（b）

图 3.8　Na_2CO_3 负载量对孙家壕煤灰烧结特性的影响

（a）按压前；按压后

当 Na_2CO_3 负载量为 15%时，虽然有轻微烧结，但不影响流化床催化气化。因此，本文选用负载 15% Na_2CO_3 原煤考察温度对烧结性的影响。图 3.9 是温度对负载 15% Na_2CO_3 原煤在不同温度的烧结性结果。由图可知，当燃烧温度为 700～800 ℃，没有发现烧结现象。当燃烧温度提高到 850 ℃时，产生了轻度烧结。

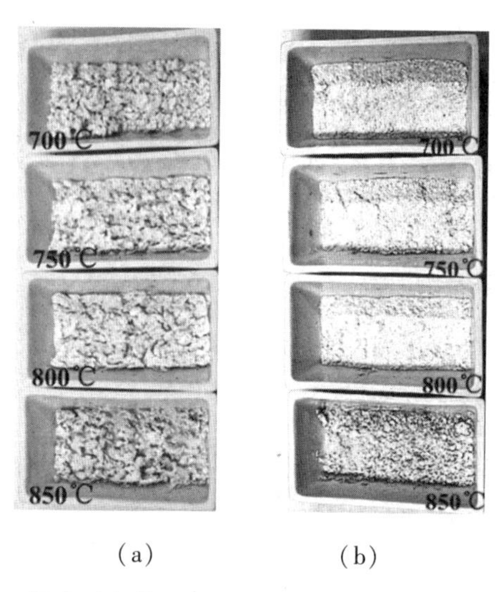

(a)　　　　　(b)

图 3.9　温度对负载 15% Na_2CO_3 原煤灰烧结特性的影响

(a) 按压前；按压后

3.2.5　煤焦在气化过程中 BET 比表面积的变化

为了考察煤焦样品在气化过程中微孔表面积的变化，对负载 10% Na_2CO_3 原煤制备的煤焦及其在不同碳转化率下的气化残渣进行了 BET 比表面积测定。为了与煤焦非催化气化反应过程中微孔比表面积变化进行比较，同时也测定了不添加催化剂煤焦在不同碳转化率时气化残渣的 BET 比表面积，结果见表 3.4。由表 3.4 可以看出，气化残渣的 BET 比表面积远远大于气化前煤焦的 BET 比表面积，这可能是由于水蒸气对煤焦的活化作用和碱金属催化剂在炭基质上的侵蚀刻槽所致。但气化残渣的 BET 比表面积与碳转化率不成线性关系。此外，由表 3.4 可知，随着碳转化率的增大，不添加催化剂煤焦气化残渣的 BET 比表面积逐渐增大，而且气化残渣的 BET 比表面积远远大于原煤焦的 BET 比表面积，表明水蒸气对煤焦有很强的活化作用，能使 BET 比表面积增大。文献[131, 132]也提出煤焦采用水蒸气活化时比表面积会显著增大，与本实验的结果相符。

表 3.4　煤焦和负载 10% Na_2CO_3 煤焦在不同碳转化率气化残渣的 BET 比表面积

负载催化剂煤焦气化残渣		不添加催化剂煤焦气化残渣	
X (%)	BET 比表面积 (m^2/g)	X (%)	BET 比表面积 (m^2/g)
0	9.6	0	2.1
23.1	453.0	12.1	349.4
47.9	378.0	23.9	452.6
54.9	402.8	49.9	626.1

从表 3.4 可以发现，当转化率为 23.9%时，非催化气化残渣的 BET 比表面积为 452.6 m^2/g，而转化率为 23.1%的催化气化残渣的 BET 比表面积为 453.0 m^2/g，二者相差不大。但当转化率为 50%左右时，非催化气化残渣的 BET 比表面积大于催化气化残渣的 BET 比表面积，两种气化残渣的 BET 比表面积相差较大，有可能是催化剂堵塞了微孔导致比表面积减小。将转化率为 54.9%的催化气化残渣采用水洗的方法进行处理，然后再测定 BET 比表面积，结果如表 3.5 所示。由表 3.5 可以看出，水洗后的催化气化残渣的 BET 比表面积明显大于水洗前，表明催化气化过程中催化剂会堵塞煤焦中的微孔导致 BET 比表面积减小。

表 3.5　负载 10% Na_2CO_3 煤焦在转化率为 54.9%的气化残渣水洗前后的 BET 比表面积

样品	BET 比表面积 (m^2/g)
水洗前	348.9
水洗后	402.8

3.2.6　Na_2CO_3 催化剂在气化过程中的演变

为了解 Na_2CO_3 催化剂在气化过程中的演变规律，对负载 10% Na_2CO_3 的煤焦及其在不同碳转化率的气化残渣的矿物相进行 XRD 分析，结果如

图 3.10 所示。

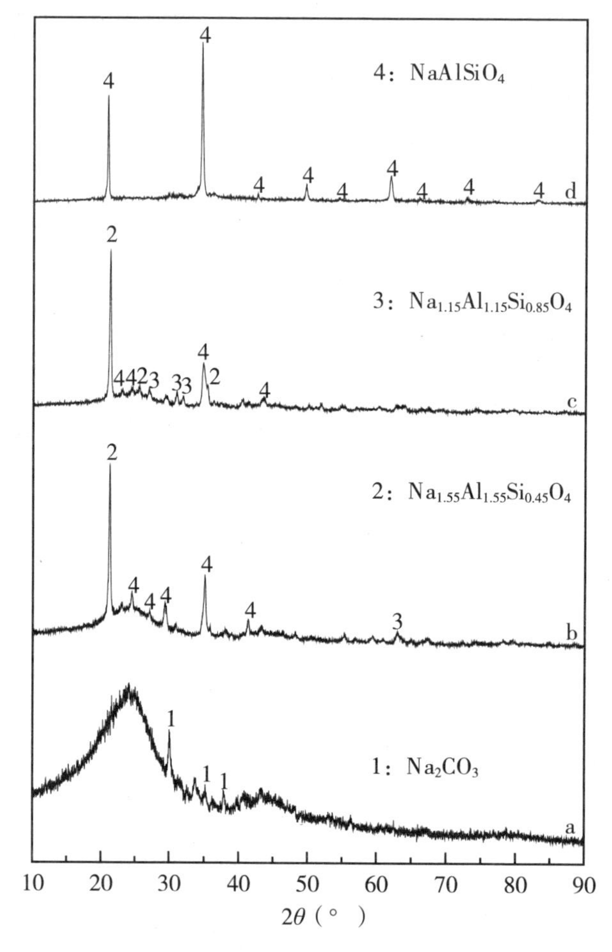

图 3.10 负载 10% Na_2CO_3 煤焦 800 ℃气化时不同碳转化率的气化残渣的 XRD

(a) 气化前; (b) 23.1%; (c) 47.9%; (d) 气化结束后

由图 3.10 (a) 可知，通过浸渍法添加到煤焦中的 Na_2CO_3 催化剂以 Na_2CO_3 形式存在，但是 Na_2CO_3 峰的强度不大，说明还有一部分 Na_2CO_3 可能与煤焦中的羧基和酚羟基官能团结合，Zhang 等[120] 在研究 Powder River Basin 次烟煤的 CO_2 催化气化时也提出了 Na_2CO_3 与煤焦中官能团结合的结论。

由图3.10（b）、（c）和（d）可以看出，在煤焦催化气化过程中，钠主要以硅铝酸钠的形式存在，而且硅铝酸钠的组成随着转化率的增大而变化。文献[40, 121]也提出钠催化剂在水蒸气气化过程中以硅铝酸钠形式存在。当碳转化率为23.1%和47.9%时，催化气化残渣的主要晶相组成为 $Na_{1.55}Al_{1.55}Si_{0.45}O_4$、$Na_{1.15}Al_{1.15}Si_{0.85}O_4$ 和 $NaAlSiO_4$，而且当碳转化率由23.1%增大到47.9%时，有一部分 $NaAlSiO_4$ 转变成 $Na_{1.55}Al_{1.55}Si_{0.45}O_4$ 和 $Na_{1.15}Al_{1.15}Si_{0.85}O_4$，Si/Al 减小。当碳转化率由47.9%增大到100%时，$Na_{1.55}Al_{1.55}Si_{0.45}O_4$ 和 $Na_{1.15}Al_{1.15}Si_{0.85}O_4$ 又转变成 $NaAlSiO_4$，Si/Al 增大。然而 Zhang 等[119]则认为 Na_2CO_3 催化剂在完全气化后以 $Na_6Al_4Si_4O_{17}$ 形式存在，与本实验的研究结果不同，可能是由于采用的煤种和实验条件不同所致。此外，由图3.10可知，在催化气化过程中，煤焦中的含铝矿物质以硅铝酸钠形式存在，没有出现其他含铝的矿物相，说明含铝矿物质与 Na_2CO_3 发生反应，将钠和煤焦中的铝结合起来，有利于回收钠催化剂同时提取氧化铝。

3.2.7　催化气化过程中炭结构的变化

拉曼光谱被广泛用来测定碳材料的结构[134-138]。为了研究孙家壕煤焦催化气化过程中炭结构的变化，采用拉曼光谱仪对不同碳转化率的催化气化残渣进行炭结构测定。采用 Origin 7.5 插件将 800~1 800 cm^{-1} 之间的拉曼光谱数据拟合成10个 Gaussian 峰，拟合结果见图3.11。根据文献[136, 139]，G（1 590 cm^{-1}）表示石墨化特征峰，G 峰由双碳原子键的伸缩振动和芳环的象限呼吸产生，D（1 300 cm^{-1}）表示缺陷的特征峰，主要由大于等于6个芳环的中大环芳香环体系产生，位于 G 峰和 D 峰之间重叠部分的三个峰 G_R（1 540 cm^{-1}）、V_L（1 465 cm^{-1}）和 V_R（1 380 cm^{-1}）表示无定形炭和芳环半呼吸的特征峰，这三个峰主要由小环产生。这五个峰是主要的特征峰，其他的五个峰是为了获得较好的拟合效果而分出的峰。

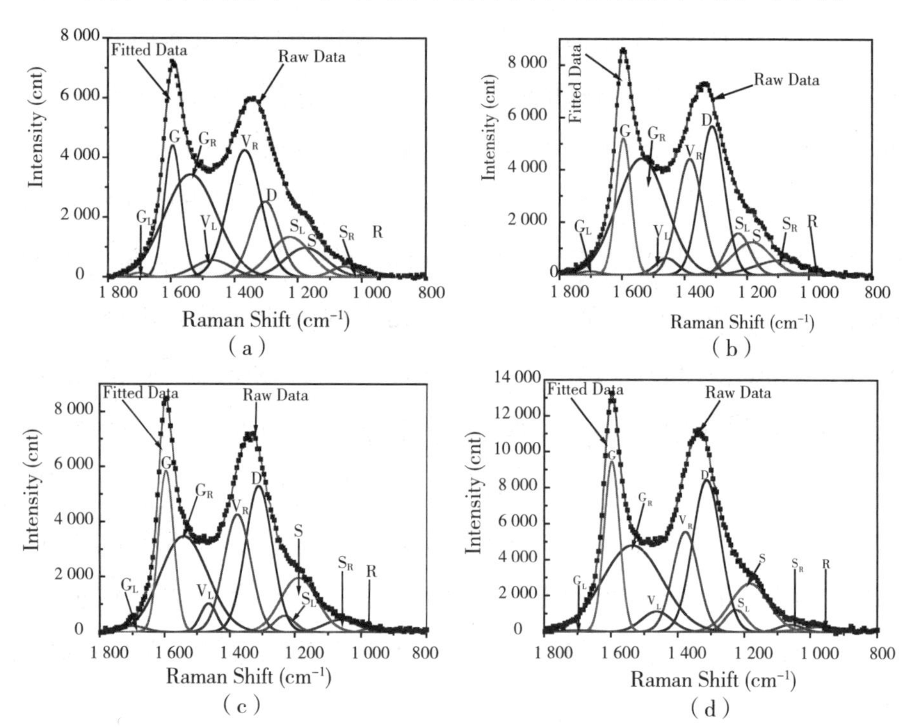

图 3.11 负载 10% Na_2CO_3 煤焦 800 ℃气化在不同碳转化率的气化残渣的拉曼光谱

(a) 气化前；(b) 23.1%；(c) 47.9% (d) 52.5%

文献[134, 138] 表明煤焦化学结构是影响煤焦本征气化反应性的重要因素。为了考察气化过程中煤焦结构的变化，采用峰面积比来表示不同峰所占的相对比例，I_D 和 $I_{(G_R+V_L+V_R)}$ 分别表示 D 峰和 $G_R+V_L+V_R$ 的面积，$I_{(G_R+V_L+V_R)}/I_D$ 表示小环和大环的面积比。将 $I_{(G_R+V_L+V_R)}/I_D$ 对碳转化率作图，由图 3.12 可知，随着转化率的增大，$I_{(G_R+V_L+V_R)}/I_D$ 减小，说明无定形结构数量减少，这与文献[138] 报道的结果一致。无定形结构与活性位有关，无定形结构数量的减少导致活性位数量的减少，从而导致气化反应性下降。这与气化反应性随着碳转化率的增大而下降的结果相符。

Tay 等[140] 采用拉曼光谱研究了非催化气化过程中 Victorian 煤焦结构

的变化，提出煤焦在水蒸气气化过程中 $I_{(G_R+V_L+V_R)}$ $/I_D$ 随着碳转化率的增大而减小，小环结构数量减少。在气化过程中，小环结构被优先消耗，说明小环结构与炭基质中的活性位有关，小环结构数量影响气化反应性。Wang等[139] 也提出煤焦的本征气化反应性和煤焦中的小环结构数量存在一定联系。

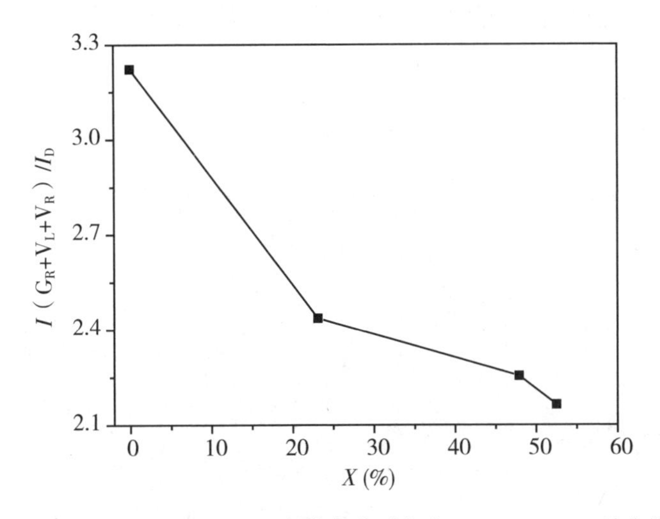

图 3.12　煤焦在 800 ℃ Na_2CO_3 催化气化过程中 $I_{(G_R+V_L+V_R)}$ $/I_D$ 的变化

3.3　本章小结

采用 TGA 研究了孙家壕煤焦催化气化反应性的影响因素，采用固定床反应器研究了催化气化过程中煤焦比表面积的变化规律、催化剂的演变和炭结构的变化。主要得到如下结论：

①温度、催化剂负载量和灰分对煤焦催化气化反应性有显著影响。随着气化温度降低，Na_2CO_3 的催化作用越来越显著。添加 15% Na_2CO_3 相当于将气化温度降低 200 ℃。

②在催化气化过程中，一部分钠催化剂主要以硅铝酸钠的形式存在，

而且硅铝酸钠的组成随着转化率的增大发生变化，硅铝比先减小后增大。

③不同气化程度煤焦比表面积比较发现，催化气化残焦的比表面积相对于非催化气化残焦的比表面积降低，催化剂堵塞煤焦中的微孔是导致比表面积下降的主要原因。

④拉曼光谱对煤焦在催化气化过程中的结构变化分析发现，随碳转化率增大，无定形结构数量减少，导致活性位数量减少，气化反应性下降。

第4章

钙添加剂对 Na_2CO_3 催化高铝煤焦水蒸气气化反应性的影响

随着人们对环境的重视程度日益升高，煤的清洁转化和高效利用引起了广泛关注[141]。气化是一种煤炭清洁利用的方法[141-142]，传统的煤气化技术由于操作条件苛刻（如高温、高压等）受到限制[143]。催化气化是一种先进的煤气化技术，其具有如下优点：

①气化温度低[123,144]；

②气化速率快[6,18]；

③可以调控煤气组成制备富甲烷气体[3,145-146]。

因此，煤催化气化是一种非常有前景的气化技术。文献[147-148]比较了不同催化剂对煤气化反应的催化作用，发现碱金属和碱土金属对煤气化具有良好的催化作用，尤其 K_2CO_3 对煤气化的催化作用最佳。文献[147]研究表明由于钾和钠具有良好的流动性和分散性，使钾和钠对煤气化反应具有优异的催化性能。在煤催化气化的过程中，钾离子的存在有利于 CO 的生成，而钠对 H_2 的生成具有良好的催化作用。但是在煤催化气化的过程中，K_2CO_3 容易和煤中的硅铝矿物质发生反应而失活[42-43]，导致催化剂的回收率较低，使煤催化气化成本增加。与 K_2CO_3 相比较，Na_2CO_3 不仅储量丰富，而且价格低廉，因此，Na_2CO_3 作为煤气化催化剂具有明显优势。有研究表明 Na_2CO_3 对煤或煤焦的气化反应具有非常好的催化作用[120,149]，但是在煤催化气化的过程中，Na_2CO_3 比 K_2CO_3 更容易和煤中的硅铝矿物质发生反应而失活。因此，研究煤催化气化过程中 Na_2CO_3 的失活机理及缓解

Na_2CO_3 失活的方法具有重要的研究意义。华东理工大学王辅臣课题组在研究煤焦 K_2CO_3 催化水蒸气气化的过程中发现加入钙添加剂可以有效地提升 K_2CO_3 的催化活性[18,19,150,151]，然而煤焦催化水蒸气气化过程中钙添加剂对 Na_2CO_3 催化活性的影响却鲜有报道。因此，在煤焦催化水蒸气气化的过程中，钙添加剂对 Na_2CO_3 催化活性的影响具有重要的研究意义。

作者所在课题组前期比较系统地研究了 Na_2CO_3 催化高铝煤焦的气化特性[152-153]，前期研究表明 Na_2CO_3 对高铝煤焦气化具有优异的催化性能，但是 Na_2CO_3 容易在气化的过程中失活，为了抑制 Na_2CO_3 催化剂的失活，采用 $Ca(OH)_2$ 作为抑制剂研究了 Na_2CO_3 催化高铝煤焦 CO_2 气化特性，研究结果表明 $Ca(OH)_2$ 能有效地抑制 Na_2CO_3 催化剂的失活[154]。在高铝煤焦水蒸气气化的过程中，$Ca(OH)_2$ 添加剂对 Na_2CO_3 催化活性和失活性能的影响尚需研究。因此，在前期研究工作的基础上，本文采用热重分析仪（TGA）研究了钙添加剂对 Na_2CO_3 催化高铝煤焦水蒸气气化行为的影响，以期为高铝煤的 Na_2CO_3 催化气化提供理论指导。

4.1 实验部分

4.1.1 实验原料和试剂

本研究采用内蒙古孙家壕煤作为原煤样，标记为 SJH。在实验之前，首先将原煤样破碎和筛分制得小于 120 目的样品，然后在 105 ℃干燥 10 h，放入干燥器中保存备用。孙家壕煤焦（SJHC）和脱灰煤焦（SJHDC）的制备方法参见前期研究[153, 155]。按照 GB/T 212—2001 和 GB/T 476—2001 进行煤样和煤焦的工业分析和元素分析，结果见表 4.1。

实验所用 Na_2CO_3 和 $Ca(OH)_2$ 试剂均为分析纯，分别购于天津恒兴化工有限公司和天津致远化工有限公司。

表 4.1　孙家壕煤和孙家壕煤焦的工业分析和元素分析

成分	工业分析（*w*% ad）				元素分析（*w*% daf）				
	V	FC	A	M	C	H	N	S	O*
SJH	29.63	51.22	16.92	2.23	78.85	4.91	1.46	0.80	13.98
SJHC	2.38	77.07	20.10	0.45	94.42	0.92	1.30	0.76	2.60

ad：空气干燥基；daf：干燥无灰基；*：差减法。

4.1.2　实验方法

4.1.2.1　煤焦样品的制备和催化剂的负载

根据前期的研究[153, 155]，采用常压固定床煤热解装置制备孙家壕煤焦和脱灰煤焦。煤焦样品的制备方法如下：称取 10 g 煤样于坩埚吊篮中，首先将吊篮置于反应管的顶部位置，然后密封法兰，将反应管在 N_2 气氛（150 mL/min）下升温至 800 ℃后，迅速调整坩埚吊篮位置，使其位于反应器的恒温区，开始快速热解反应。当热解反应结束后，再次将吊篮置于反应管上部的冷却区内，使制备的煤焦样品在 N_2 气氛中冷却至室温，取出样品放入干燥器中备用。Na_2CO_3 催化剂的负载方法参见前期的研究[153, 155]。本研究采用 Ca（OH）$_2$ 作为钙添加剂，采用物理混合的方法将 Ca（OH）$_2$ 添加到已经通过浸渍法负载 Na_2CO_3 的煤焦样品中。将负载 5%、10%、15%、20% Na_2CO_3 催化剂的孙家壕煤焦样品分别标记为 SJHC+5% Na_2CO_3、SJHC+10% Na_2CO_3、SJHC+15% Na_2CO_3、SJHC+20% Na_2CO_3，将添加 10%、15%、20% Ca（OH）$_2$ 的孙家壕煤焦样品分别记作 SJHC+10% Ca（OH）$_2$、SJHC+15% Ca（OH）$_2$ 和 SJHC+20% Ca（OH）$_2$，负载 10% Ca（OH）$_2$ 的孙家壕脱灰煤焦样品记为 SJHDC+10% Ca（OH）$_2$。将先通过浸渍法负载 5%或 10% Na_2CO_3 再采用物理法添加 10%或 15%

Ca（OH）$_2$ 制备的煤焦样品分别标记为 SJHC+5% Na_2CO_3+10% Ca（OH）$_2$、SJHC+5% Na_2CO_3+15% Ca（OH）$_2$、SJHC+10% Na_2CO_3+10% Ca（OH）$_2$、SJHC+10% Na_2CO_3+15% Ca（OH）$_2$。

4.1.2.2 煤焦的水蒸气气化

采用德国 Rubotherm 公司生产的 Rubotherm 磁悬浮热重分析仪（TGA）进行煤焦样品的水蒸气气化实验。煤焦样品的气化实验方法如下：准确称取 10 mg 样品，放入直径为 13 mm、高为 2 mm 的铂金坩埚内，将装有煤焦样品的铂金坩埚放入热重分析仪中，将样品在 N_2 保护下以 20 ℃/min 的速率加热到设定的气化温度（700 ℃、750 ℃、800 ℃、850 ℃），并保持恒温 30 min，待系统稳定后，通入水蒸气开始进行气化反应，水蒸气流量为 0.096 mg/min，当样品质量不再发生变化时，将水蒸气切换为 N_2 并吹扫 30 min，之后在 N_2 保护下降温至 50 ℃以下。

为了考察温度对煤焦催化气化反应性的影响，本研究分别采用 SJHC+10% Na_2CO_3 和 SJHC+10% Na_2CO_3+10% Ca（OH）$_2$ 为实验煤焦样品，利用 TGA 在 700~850 ℃的温度区间内进行煤焦水蒸气气化反应性实验。

4.1.3 计算方法

本文分别采用碳转化率（X）和气化反应性指数（R_s）表示煤焦样品的气化反应性，二者的计算方法如下。

根据文献[153] 计算煤焦水蒸气气化的碳转化率（X）。煤焦样品催化气化过程中碳转化率（X）按照式（4-1）计算得到。

$$X=\frac{m_0-m_t}{m_0-m_\infty} \tag{4-1}$$

其中，m_0 表示样品气化前的质量，m_t 表示 t 时刻样品的质量，m_∞ 表示煤焦样品气化结束后残渣的质量，实际上 m_∞ 是灰分和催化剂的总质量。

反应性指数（R_s）可以直观地反映气化反应的程度，为了考察催化剂负载量对煤焦气化反应性的影响程度，采用气化反应性指数（R_s）表示不同催化剂负载量的煤焦的气化反应性。反应性指数（R_s）的计算公式如下：

$$R_{0.5}=\frac{0.5}{\tau_{0.5}} \tag{4-2}$$

在公式（4-2）中，$\tau_{0.5}$ 代表达到 50%碳转化率所需的时间（min）。

4.1.4 表征方法

为了研究孙家壕高铝煤焦中的矿物质对其催化水蒸气气化反应性的影响，采用 Thermo ICAP 6300 电感耦合等离子体原子发射光谱仪（ICP）测定煤灰、煤焦灰分中的元素含量，并以对应氧化物的形式给出灰成分组成，结果见表 4.2。

表 4.2　孙家壕煤和孙家壕煤焦的灰成分组成

样品		SiO_2	Al_2O_3	Fe_2O_3	CaO	MgO	TiO_2	SO_3	K_2O	Na_2O	P_2O_5
组成	SJH	36.29	46.34	6.38	2.61	2.18	3.57	0.45	0.42	0.76	0.03
(%)	SJHC	36.09	46.64	6.58	2.51	2.08	3.50	0.43	0.27	0.42	0.04

4.2 结果与讨论

4.2.1 气化温度的影响

温度对 SJHC+10% Na_2CO_3 和 SJHC+10% Na_2CO_3+10% $Ca(OH)_2$ 水蒸气气化反应性的影响如图 4.1 所示。由图可知，温度对煤焦催化气化反应性有重要的影响，随着温度的升高，气化反应性急剧增大。文献[6] 也考察了温度对煤焦气化反应性的影响，得到了与本实验相似的结果。此外，当气化温度相同时，SJHC+10% Na_2CO_3+10% $Ca(OH)_2$ 的气化反应性始终大于 SJHC+10% Na_2CO_3 的气化反应性。由于同时负载 10% Na_2CO_3 和 10% Ca（OH）$_2$ 的孙家壕煤焦在 700 ℃和 750 ℃的气化反应性仍然较低，所以本研究选择 800 ℃作为气化反应温度。

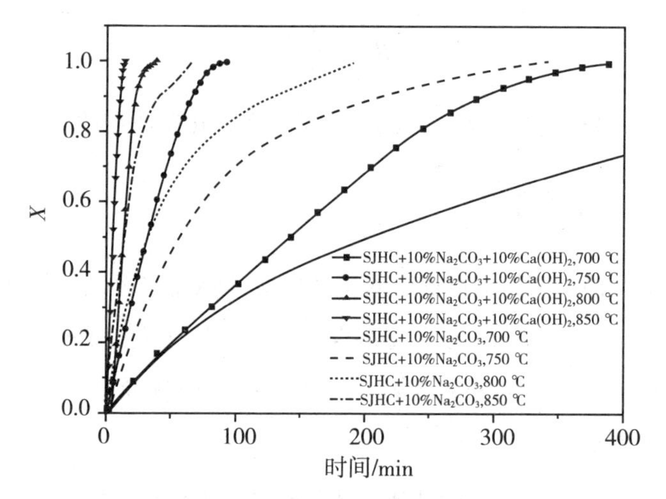

图 4.1　温度对 SJHC+10% Na_2CO_3+10% Ca（OH）$_2$ 和 SJHC+10% Na_2CO_3 水蒸气气化反应性的影响

图 4.2 比较了 SJHC+10% Na_2CO_3+10% Ca（OH）$_2$ 和 SJHC+10% Na_2CO_3 在不同温度的水蒸气气化反应性指数 $R_{0.5}$。由图 4.2（a）可以看出，SJHC+10% Na_2CO_3+10% Ca（OH）$_2$ 和 SJHC+10% Na_2CO_3 的水蒸气气化反应性指数 $R_{0.5}$ 都随着温度的升高而增大，而且 SJHC+10% Na_2CO_3+10% Ca（OH）$_2$ 的反应性指数 $R_{0.5}$ 均大于相同温度的 SJHC+10% Na_2CO_3 的反应性指数 $R_{0.5}$。为了定量地比较不同温度下的 SJHC+10% Na_2CO_3+10% Ca（OH）$_2$ 和 SJHC+10% Na_2CO_3 的气化反应性指数 $R_{0.5}$，将二者在不同温度的反应性指数比值 $R_{0.5}$（SJHC+10% Na_2CO_3+10% Ca（OH）$_2$）/$R_{0.5}$（SJHC+10% Na_2CO_3）对温度作图，结果如图 4.2（b）所示，由图 4.2（b）可知，相对于 SJHC+10% Na_2CO_3 的气化反应性指数 $R_{0.5}$（SJHC+10% Na_2CO_3），SJHC+10% Na_2CO_3+10% Ca（OH）$_2$ 在 700 ℃、750 ℃、800 ℃、850 ℃时的

反应性指数 $R_{0.5}$（SJHC + 10% Na_2CO_3 + 10% $Ca(OH)_2$）分别提高了 42.31%、77.60%、137%和 153%，表明对于 SJHC+10% Na_2CO_3 的催化水蒸气气化，加入 10% $Ca(OH)_2$ 可以显著提高 Na_2CO_3 的催化气化活性，而且 $Ca(OH)_2$ 对 Na_2CO_3 的催化气化活性提高幅度随着温度的升高而增大。

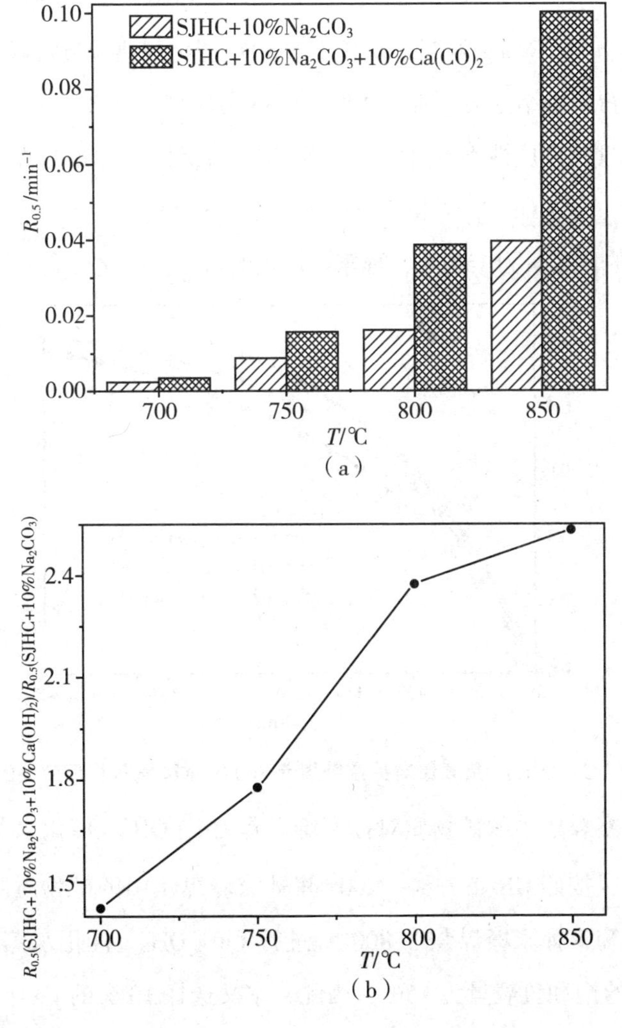

图 4.2　SJHC+10% Na_2CO_3+10% $Ca(OH)_2$ 和 SJHC+10% Na_2CO_3 不同温度水蒸气气化反应性的比较

4.2.2 Ca（OH）$_2$ 负载量对孙家壕煤焦水蒸气气化反应性的影响

为了研究 Ca（OH）$_2$ 负载量对孙家壕煤焦气化反应性的影响，在 800 ℃下利用 TGA 对负载 0、10%、15%、20% Ca（OH）$_2$ 的煤焦进行气化反应性测定，结果如图 4.3 所示。由图可知，随着 Ca（OH）$_2$ 负载量的增大，气化反应性逐渐增大。Wang 等[129] 研究了 K_2CO_3 催化剂负载量对煤焦气化反应性的影响，得出的结论与本研究相似。值得注意的是当 Ca（OH）$_2$ 负载量大于 15%时，气化反应性不再增大，反而减小，表明 Ca（OH）$_2$ 的负载量达到饱和。因此，Ca（OH）$_2$ 对孙家壕煤焦水蒸气气化具有一定的催化作用，当 Ca（OH）$_2$ 的负载量为 15%时，孙家壕煤焦的水蒸气气化反应性最大。

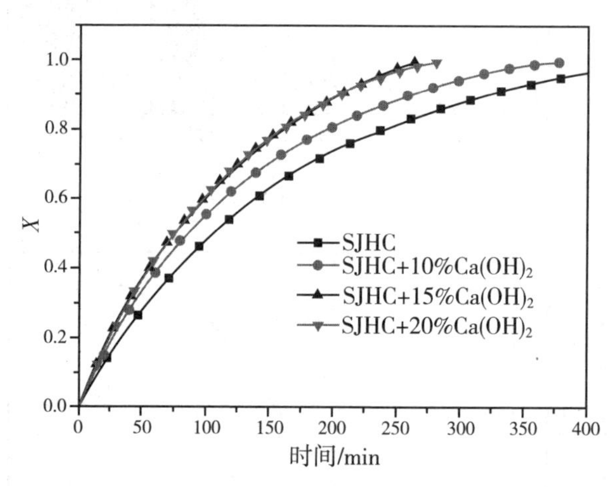

图 4.3 Ca（OH）$_2$ 负载量对孙家壕煤焦 800 ℃水蒸气气化反应性的影响

为了考察煤焦中的矿物质对孙家壕煤焦 Ca（OH）$_2$ 催化水蒸气气化反应性的影响，按照 GB/T 7560—2001 将孙家壕煤焦中的矿物质脱除。由前文的讨论可知，孙家壕煤焦在 800 ℃进行 Ca（OH）$_2$ 催化水蒸气气化时，Ca（OH）$_2$ 的饱和负载量为 15%，因此，本文选择 10 %的 Ca（OH）$_2$ 负载量作为孙家壕煤焦和脱矿物质煤焦进行催化水蒸气气化实验的催化剂添加量，用以考察煤焦中矿物质对孙家壕煤焦 Ca（OH）$_2$ 催化水蒸气气化反应性的影响。将孙家壕煤焦和脱矿物质煤焦分别负载10%的Ca（OH）$_2$ 并采用TGA在800 ℃下进行气化反应性实验，实验结果如图4.4所示。

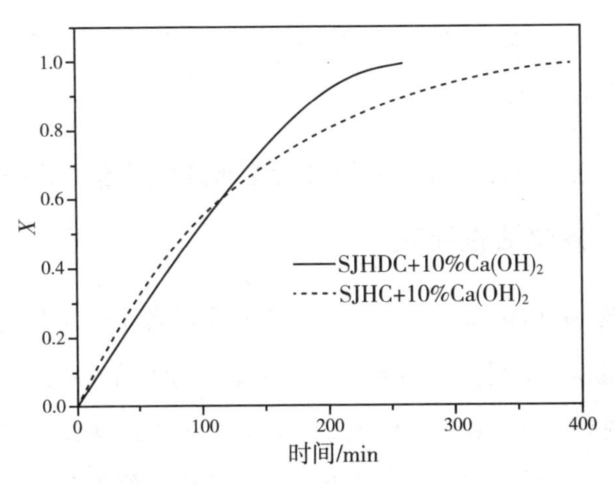

图4.4 负载10% Ca（OH）$_2$ 孙家壕煤焦和脱灰煤焦800 ℃水蒸气气化反应性的比较

由图4.4可知，当碳转化率小于61%时，SJHC+10% Ca（OH）$_2$ 的反应性大于SJHDC+10% Ca（OH）$_2$，然而当碳转化率大于61%时，SJHC+10% Ca（OH）$_2$ 的反应性则小于SJHDC+10% Ca（OH）$_2$。为了探究SJHC+10% Ca（OH）$_2$ 和SJHDC+10% Ca（OH）$_2$ 的气化反应性差异，采用ICP分析了SJHC中的矿物质含量，分析结果如表4.2所示，由表4.2可知孙家壕煤焦灰分中含有46.64% Al_2O_3、36.09% SiO_2、6.58% Fe_2O_3、2.51% CaO、2.08% MgO、0.27% K_2O、0.42% Na_2O、3.50% TiO_2、0.43% SO_3 和0.04% P_2O_5，在这些煤焦的内在矿物质中，铁、钙、镁、钾、钠对煤焦的气化反应具有催化作用[131,156]，而硅、铝矿物质则是导致煤焦催化气化过程中气化催化剂失活的主要物质[157]。当碳转化率小于61%时，气化催化剂Ca（OH）$_2$ 失活的量较少，铁、钙、镁、钾、钠这些煤焦内在矿物质对煤焦水蒸气气化反应的催化作用占主导地位，导致SJHC+10% Ca（OH）$_2$ 的水蒸气气化反应性大于SJHDC+10% Ca（OH）$_2$。当碳转化率大于61%时，由于孙家壕煤焦中含有大量的硅铝矿物质，随着气化反应的进行，这些硅铝矿物质与气化催化剂 Ca（OH）$_2$ 之间发生反应造成 Ca（OH）$_2$ 催化剂失活，从而导致 SJHC+10% Ca（OH）$_2$ 的反应性小于 SJHDC+10% Ca（OH）$_2$。因此，孙家壕煤焦中的矿物质对 Ca（OH）$_2$ 的催化气化活性存在影响。

4.2.3 Na_2CO_3 和 Ca（OH）$_2$ 对孙家壕煤焦水蒸气气化的催化活性比较

为了比较 Na_2CO_3 和 Ca（OH）$_2$ 对孙家壕煤焦气化的催化作用，采用 TGA 在相同的实验条件下对负载相同量催化剂的煤焦样品进行气化反应性测定，结果见图 4.5。由图 4.5 可知，Na_2CO_3 和 Ca（OH）$_2$ 对孙家壕煤焦 800 ℃气化都有明显的催化作用，但是二者的催化作用不同，当以煤焦质量为基准添加相同质量百分含量的 Na_2CO_3 和 Ca（OH）$_2$ 时，Na_2CO_3 对孙家壕煤焦气化的催化活性明显优于 Ca（OH）$_2$。此外，SJHC+5% Na_2CO_3 的气化反应性与 SJHC+10% Ca（OH）$_2$ 的气化反应性基本相等，这也进一步说明了 Na_2CO_3 对孙家壕煤焦气化的催化活性大于 Ca（OH）$_2$ 的催化活性。

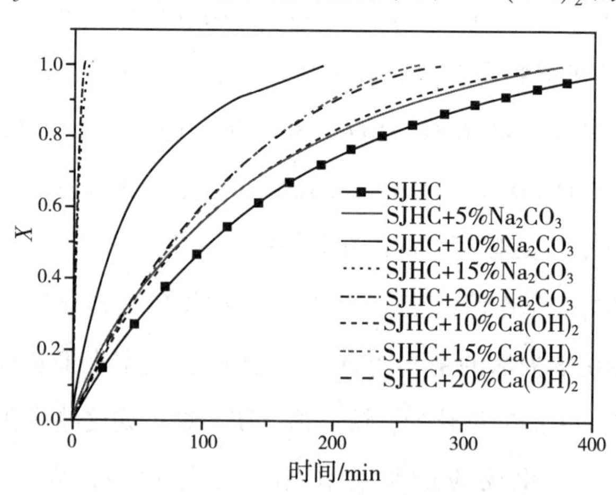

图 4.5 Na_2CO_3 和 Ca（OH）$_2$ 负载量对孙家壕煤焦 800 ℃水蒸气气化反应性的影响

4.2.4　Ca（OH）$_2$ 对 Na_2CO_3 催化孙家壕煤焦水蒸气气化活性的影响

图 4.6 比较了相同实验条件下 Na_2CO_3、Ca（OH）$_2$ 和 Na_2CO_3-Ca（OH）$_2$ 复合催化剂对孙家壕煤焦水蒸气气化的催化活性。

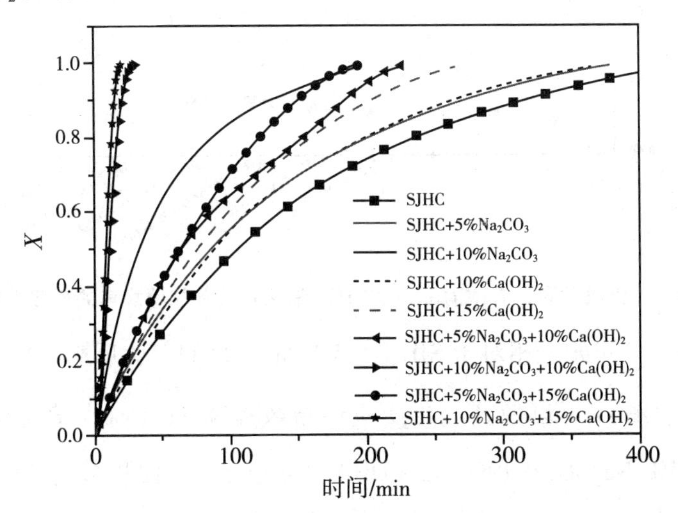

图 4.6　负载不同量 Na_2CO_3-Ca（OH）$_2$ 催化剂的孙家壕煤焦 800 ℃水蒸气气化反应性比较

由图 4.6 可知，Ca（OH）$_2$ 添加剂显著提高了 Na_2CO_3 对孙家壕煤焦水蒸气气化的催化活性。为了定量比较负载不同催化剂的孙家壕煤焦的水蒸气气化反应性，采用气化反应性指数（R_s）对负载不同催化剂的孙家壕煤焦的气化反应性进行比较，结果如图 4.7 所示。

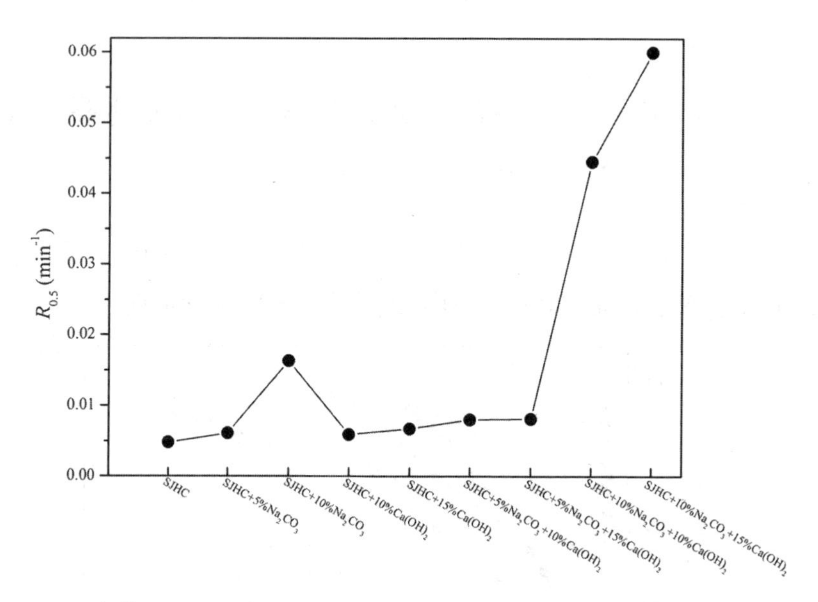

图 4.7　负载不同量 Na_2CO_3-Ca（OH）$_2$ 催化剂的孙家壕煤焦的反应性指数

由图 4.7 可知，相对于 SJHC + 5% Na_2CO_3 的气化反应性指数，添加 10% Ca（OH）$_2$ 可以使其气化反应性指数提高 31.15%。值得注意的是 SJHC + 5% Na_2CO_3+ 10% Ca（OH）$_2$ 的气化反应性指数与 SJHC + 5% Na_2CO_3+ 15% Ca（OH）$_2$ 基本相等，但是当转化率超过 50%后，SJHC + 5% Na_2CO_3+ 15% Ca（OH）$_2$ 的气化反应性明显大于 SJHC + 5% Na_2CO_3+ 10% Ca（OH）$_2$ 的气化反应性，这可能是由于 Ca（OH）$_2$ 添加剂抑制了 Na_2CO_3 在气化过程中的失活作用造成的，从而促进了 Na_2CO_3 对孙家壕煤焦水蒸气气化的催化作用。通过比较 SJHC + 10% Na_2CO_3、SJHC + 10% Na_2CO_3+ 10% Ca（OH）$_2$ 和 SJHC + 10% Na_2CO_3+ 15% Ca（OH）$_2$ 的气化反应性指数，发现相对于 SJHC + 10% Na_2CO_3 的气化反应性指数 0.016 3 min^{-1}，添加 10%和 15% Ca（OH）$_2$ 可以使气化反应性指数分别增加 173%和 268%，表明 Ca（OH）$_2$ 添加量越大，对 Na_2CO_3 催化活性的促进作用也越大。如果以负载 10% Ca（OH）$_2$ 的孙家壕煤焦的气化反应性指

数为基准，添加 5%和 10% Na_2CO_3 可以使其气化反应性指数分别提高 35.59 %和 650%，当采用负载 15% Ca（OH）$_2$ 的孙家壕煤焦的气化反应性指数为基准时，5%和 10% Na_2CO_3 添加量可以使其气化反应性指数分别提高 20.90%和 796%，表明 Na_2CO_3 能够促进 Ca（OH）$_2$ 对孙家壕煤焦水蒸气气化的催化作用。同时表明在孙家壕煤焦催化水蒸气气化的过程中，Na_2CO_3 和 Ca（OH）$_2$ 之间存在协同作用，这种协同作用可能是由于 Ca（OH）$_2$ 更容易与煤焦中的硅铝矿物质发生反应，减弱了 Na_2CO_3 在煤焦催化气化过程中与煤焦中的硅铝矿物质发生反应而产生的失活作用，从而促进了 Na_2CO_3 对煤焦水蒸气气化的催化作用。Hu 等[18] 在研究煤焦 K_2CO_3 催化气化的过程中发现钙添加剂可以显著提高 K_2CO_3 的催化气化活性，提出煤焦催化气化过程中 K_2CO_3 和钙添加剂之间存在协同作用，与本研究得到的结论相似。

4.3　本章结论

本文利用 TGA 研究了 Na_2CO_3、Ca（OH）$_2$ 及 Na_2CO_3-Ca（OH）$_2$ 复合催化剂对孙家壕高铝煤焦水蒸气气化反应性的影响，通过比较 Na_2CO_3、Ca（OH）$_2$ 及 Na_2CO_3-Ca（OH）$_2$ 复合催化剂对孙家壕煤焦水蒸气气化的催化作用，研究了钙添加剂对 Na_2CO_3 催化高铝煤焦水蒸气气化反应性的影响，获得的主要结论如下：

①Ca（OH）$_2$ 能显著提高孙家壕煤焦水蒸气气化反应性，孙家壕煤焦进行 800 ℃水蒸气气化时，Ca（OH）$_2$ 的饱和负载量为 15%。

②Na_2CO_3 对孙家壕煤焦的催化气化活性比 Ca（OH）$_2$ 大，对于孙家壕煤焦 800 ℃水蒸气气化，负载 5% Na_2CO_3 的煤焦气化反应性与负载 10% Ca（OH）$_2$ 煤焦的气化反应性相等。

③加入 10% Ca（OH）$_2$ 可以使 SJHC+10% Na_2CO_3 在 700 ℃、750 ℃、800 ℃、850 ℃时的气化反应性指数分别提高了 42.31%、77.60%、137% 和 153%，Ca（OH）$_2$ 对 Na_2CO_3 的催化气化活性提高幅度随着温度的升高而增大。

④在 Na_2CO_3 催化孙家壕煤焦水蒸气气化的过程中，钙添加剂和 Na_2CO_3 催化剂之间存在协同作用，钙添加剂能够抑制 Na_2CO_3 的失活作用，从而促进了 Na_2CO_3 对孙家壕煤焦水蒸气气化的催化活性。

第5章 Na_2CO_3 和 K_2CO_3 对高铝煤焦水蒸气气化催化作用的比较研究

煤气化所用催化剂得到了广泛的研究[7, 10, 148, 158-160]。在众多的煤气化催化剂中，碱金属和碱土金属的碳酸盐被认为催化效果较好。其中 K_2CO_3 被公认是煤气化最有效的催化剂。K 和 Na 都是 I A 族的碱金属元素，因此，Na_2CO_3 与 K_2CO_3 的结构和性质相似。此外，研究也表明 Na_2CO_3 对煤气化同样具有良好的催化作用[5, 41]，而且 Na_2CO_3 相对于 K_2CO_3 具有以下优势：

①价格低廉，目前 Na_2CO_3 的市场价格为每吨 1 500 元左右，然而 K_2CO_3 的市场价格是每吨 6 000 元左右，是 Na_2CO_3 市场价格的 4 倍左右。

②储量丰富，Na_2CO_3 是常用的化工原料，属于大宗化学品，储量远比 K_2CO_3 丰富。因此，采用 Na_2CO_3 作为煤气化的催化剂可以提高煤催化气化的经济性。

为了验证 Na_2CO_3 作为高铝煤气化催化剂的可行性，有必要将 Na_2CO_3 和 K_2CO_3 对高铝煤气化反应的催化作用进行对比。本章利用 TGA 研究了 Na_2CO_3 和 K_2CO_3 对高铝煤焦气化反应的催化作用，并进行了比较。同时采用常压固定床催化气化反应装置研究了 Na_2CO_3 和 K_2CO_3 催化气化煤灰组成的差异。为 Na_2CO_3 代替 K_2CO_3 作为高铝煤气化的催化剂提供一定的理论指导。

5.1 实验部分

5.1.1 样品选取与制备

本章实验采用的样品与3.1节相同，样品的制备方法和基本性质见3.1节。

5.1.2 催化剂的选择与负载方法

本章选用Na_2CO_3和K_2CO_3作为催化剂，催化剂的负载方法除特殊说明外均为浸渍法。浸渍法负载催化剂的详细方法见2.2.4节。

5.1.3 气化实验

气化实验在Rubotherm磁悬浮热重分析仪（见图2.2）上进行，首先在N_2气氛中将反应系统升温到800 ℃后，稳定30 min，通入水蒸气（200 mL/min，40% N_2+60% H_2O），开始气化，当样品的质量不变时反应完成。详细的实验方法见2.1.2节。

5.1.4 催化气化灰渣的制备

5.1.4.1 催化气化灰的制备

为了考察样品完全气化后Na_2CO_3和K_2CO_3催化剂在煤灰中的存在形态，将负载10%催化剂的煤焦样品在常压固定床催化气化反应装置（见图2.4）上于800 ℃进行气化，详细的实验方法见2.1.3节。气化完全后，待煤灰冷却至室温后，用玛瑙研钵研磨均匀，进行矿物相分析。

5.1.4.2 催化气化残渣的制备

为了比较催化气化过程中Na_2CO_3和K_2CO_3催化剂在煤焦表面的流动

性，采用物理混合法将脱灰煤焦负载10%催化剂，然后利用常压固定床催化气化反应装置（见图2.4）在800 ℃下进行气化实验，气化条件与TGA气化实验条件相同，气化时间为15 min，具体的实验方法参见2.1.3节。将制备的催化气化残渣进行SEM-EDX分析。

5.1.5　样品表征

采用XRD测定原煤及负载 Na_2CO_3 和 K_2CO_3 煤焦气化灰的矿物相组成，测定条件见2.3.3节。利用Nicolet is50 FT-IR光谱仪测定煤焦、催化剂以及负载催化剂煤焦的结构变化，分析条件参见2.3.4节。煤焦催化气化残渣的表面形貌和元素含量使用SEM-EDX进行分析。脱灰煤焦及其催化气化残渣的BET比表面积测定在Trista 3000吸附仪上进行，测试条件见2.3.6节。

5.1.6　计算方法

按公式（3-1）计算样品在催化气化过程中的碳转化率（X）。按公式（5-1）计算气化反应速率（r）：

$$r=\frac{\mathrm{d}X}{\mathrm{d}t} \tag{5-1}$$

5.2　结果与讨论

5.2.1　原煤和负载催化剂煤焦的XRD和FT-IR红外光谱

为了考察催化剂负载到煤焦样品上的存在形态，分别将原煤、负载10% Na_2CO_3 和 K_2CO_3 的煤焦进行XRD分析，结果如图5.1所示。原煤中的主要矿物相为高岭石和勃姆石。当采用浸渍法将10% Na_2CO_3 负载到煤焦后，主要物相为 Na_2CO_3，但 Na_2CO_3 的峰不是太强，可能由于部分

Na_2CO_3 与煤焦中的官能团相结合所致。当将煤焦负载 10% K_2CO_3 后，样品中的物相则主要为 $KHCO_3$，而且峰的强度很强，说明 K_2CO_3 浸渍到煤焦上后与煤焦中的官能团结合较少，文献[60] 也报道了 K_2CO_3 采用浸渍法负载到煤焦后以 $KHCO_3$ 形式存在。

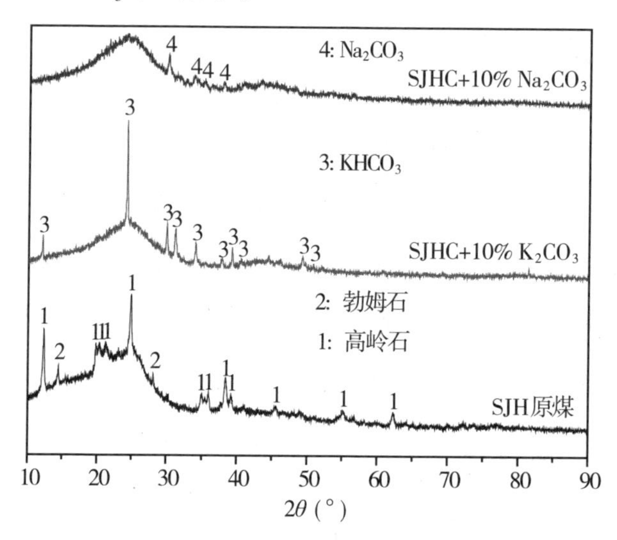

图 5.1 原煤、浸渍 10% Na_2CO_3 和 K_2CO_3 煤焦的 XRD 谱图

红外光谱被广泛用于煤的结构变化分析[161-167]，为了研究 Na_2CO_3 和 K_2CO_3 浸渍到煤焦中后煤焦结构的变化，将孙家壕煤焦、浸渍 10% Na_2CO_3 和 K_2CO_3 的煤焦及纯 Na_2CO_3 和 K_2CO_3 进行了傅里叶红外光谱分析，结果见图 5.2。由图 5.2（a）可以看出，当将 Na_2CO_3 浸渍到煤焦后，煤焦的结构发生了变化，2 852 cm^{-1} 和 2 925 cm^{-1} 处的特征峰强度变弱，这两个峰是煤焦中甲基或亚甲基不对称伸缩振动的特征峰[168]，这可能是由于电子效应变化造成的。同时位于 1 385 cm^{-1} 和 1 626 cm^{-1} 处的两个羰基峰也明显变弱，表明煤焦中的官能团和 Na_2CO_3 发生了相互作用。将浸渍 10% Na_2CO_3 的煤焦和纯 Na_2CO_3 的红外谱图进行对比，发现 880 cm^{-1} 和 1 775 cm^{-1} 处的两个特征峰发生显著变化，进一步证明了煤焦中的官能团和 Na_2CO_3 发生了反应。文献[161] 也报道了 Na_2CO_3 和煤焦中的官能团发生相互作用。在图 5.2（b）中，将浸渍 10% K_2CO_3 煤焦和不添加催化剂煤

焦的红外谱图进行比较，煤焦上的官能团变化不大，但是出现了 K_2CO_3 的特征峰。如果将纯 K_2CO_3 和浸渍 10% K_2CO_3 煤焦的红外谱图进行对比之后，发现 1 467 cm^{-1} 处的特征峰发生了变化，这可能是由于 K_2CO_3 在煤焦中的存在形态发生了变化。Na_2CO_3 和 K_2CO_3 催化剂浸渍到煤焦上后发生的结构变化与 XRD 的表征结果相符合。

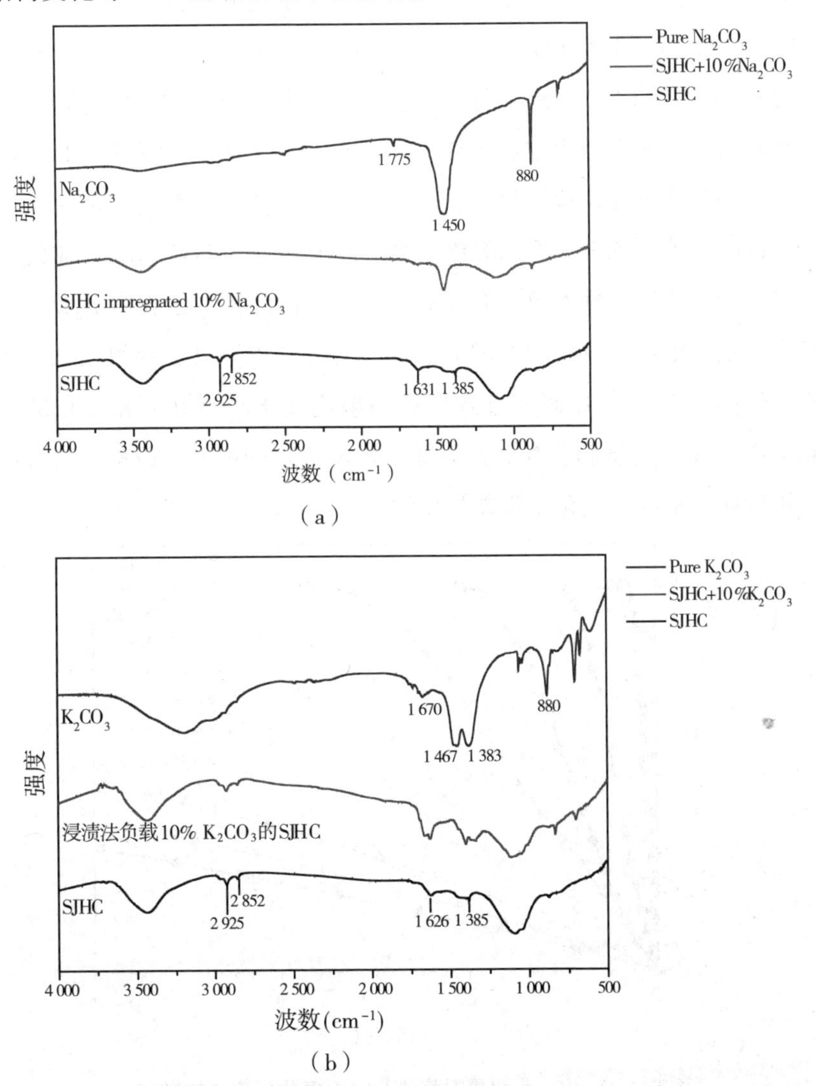

图 5.2　煤焦、负载 10% Na_2CO_3 和 K_2CO_3 煤焦、纯 Na_2CO_3 和 K_2CO_3 的 FT-IR 谱图

5.2.2 Na_2CO_3 和 K_2CO_3 对煤焦气化的催化作用比较

5.2.2.1 Na_2CO_3 和 K_2CO_3 饱和负载量比较

由 3.2 节讨论可知，以空气干燥基煤焦质量为基准，在 800 ℃进行煤焦气化，Na_2CO_3 的饱和负载量为 35%。为了能够在同一条件下比较 Na_2CO_3 和 K_2CO_3 催化剂的饱和负载量，利用 TGA 在 800 ℃下对 K_2CO_3 负载量分别为 5%、10%、15%、20%、25%、30% 和 35% 的煤焦进行了气化反应性评价，反应性结果如图 5.3。由图 5.3 可以看出，随着 K_2CO_3 负载量的增大，煤焦气化反应性提高，也就是说达到相同碳转化率所用的时间减少。此外，从图 5.3 也可以看出，当 K_2CO_3 的负载量由 30% 增加到 35% 时，样品的气化反应性不仅没有提高，反而稍微降低，这表明 K_2CO_3 的负载量已经达到饱和，过量的 K_2CO_3 会堵塞煤焦中的微孔，导致气化反应性下降。然而 Li 等[130] 在研究五台气煤的催化气化时，提出 K_2CO_3 的饱和负载量为 20%，明显低于本实验中得出的 K_2CO_3 的饱和负载量，这可能由于采用的煤种不同和气化条件差异所致。

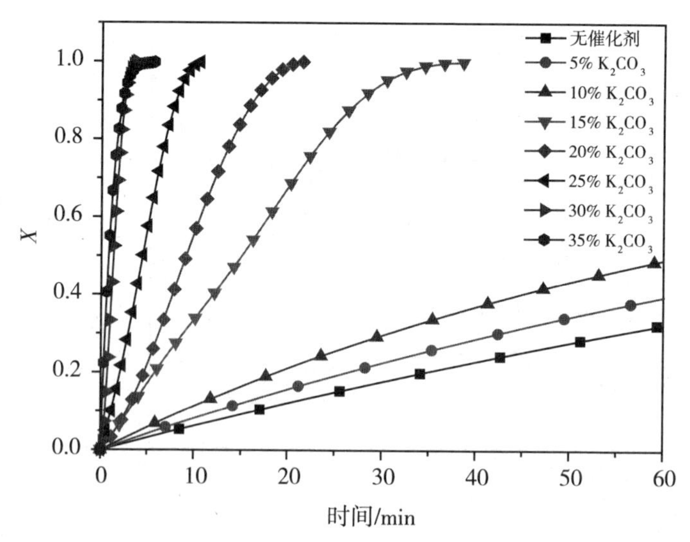

图 5.3 K_2CO_3 负载量对煤焦 800 ℃气化反应性的影响

对于煤焦在 800 ℃催化气化，Na_2CO_3 的饱和负载量为 35%，K_2CO_3 的饱和负载量则为 30%，Na_2CO_3 和 K_2CO_3 饱和负载量的差异可能与钠和钾的原子半径不同有关。

5.2.2.2　等质量负载 Na_2CO_3 和 K_2CO_3 对煤焦气化的催化作用比较

为了比较 Na_2CO_3 和 K_2CO_3 对煤焦气化的催化作用，采用 TGA 在相同的实验条件下对负载相同质量催化剂的煤焦样品进行气化反应性测定，结果见图 5.4。

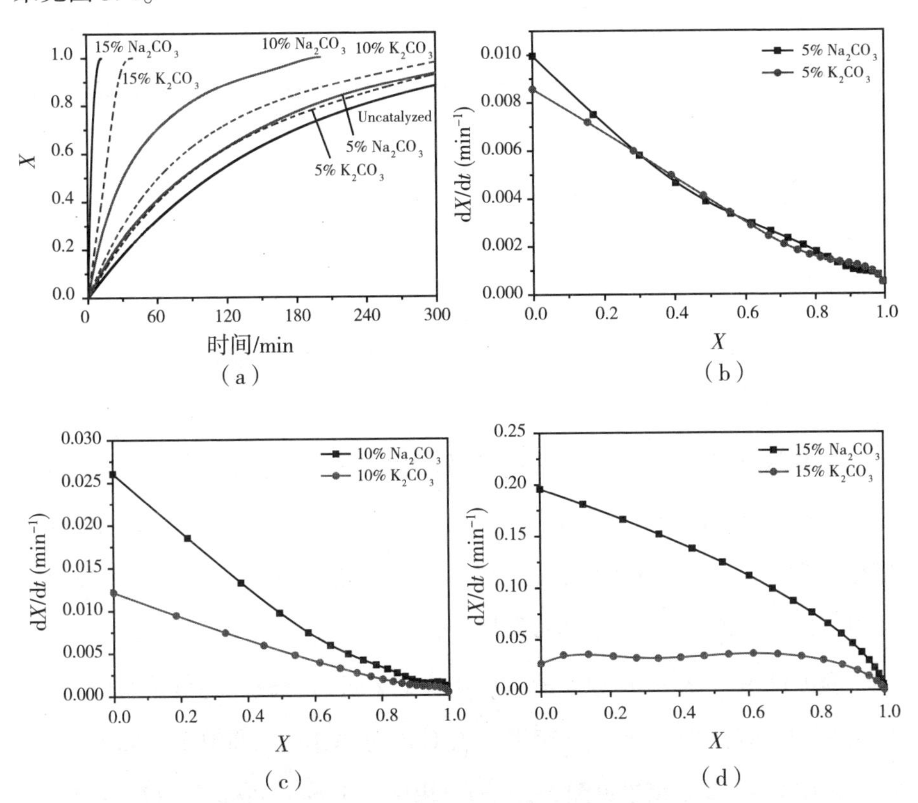

图 5.4　负载 0~15% Na_2CO_3 和 K_2CO_3 煤焦 800 ℃气化行为的比较

由图 5.4 可知，Na_2CO_3 和 K_2CO_3 对煤焦气化都有明显的催化作用，但是二者的催化作用不同，虽然负载 5%催化剂时 Na_2CO_3 和 K_2CO_3 对煤焦气化反应的催化作用相差不大，但是当催化剂的负载量为 10%和 15%时，Na_2CO_3 和 K_2CO_3 对煤焦气化反应的催化作用明显存在差别，Na_2CO_3 的催化活性比 K_2CO_3 的大。Li 等[130] 对 Na_2CO_3 和 K_2CO_3 等质量负载五台气煤的 CO_2 气化反应性进行了对比，结果指出 K_2CO_3 的催化活性比 Na_2CO_3 大，与本研究不同。这可能是由于煤种、气化温度和气化剂等条件的不同所致。

5.2.2.3　等摩尔负载 Na_2CO_3 和 K_2CO_3 对煤焦气化的催化作用比较

由上文讨论可知，当按照等质量负载催化剂时，Na_2CO_3 的催化活性比 K_2CO_3 大，这可能是由于 K_2CO_3 的分子量比 Na_2CO_3 大，当按照相同质量负载催化剂时，负载的 K_2CO_3 的分子数量比 Na_2CO_3 少，所以 K_2CO_3 的催化活性没有 Na_2CO_3 大。

为了考察等摩尔负载 Na_2CO_3 和 K_2CO_3 对煤焦气化的催化作用差异，以煤焦空气干燥基为基准，按 0.943 mmol Na_2CO_3（或 K_2CO_3）/g SJHC 负载催化剂，即 0.943 mmol Na_2CO_3（相当于 10%）和 K_2CO_3（相当于 13.04%）分别负载到 1 g 煤焦上，并采用 TGA 在相同的实验条件下对其气化反应性进行了测定。结果见图 5.5。由图 5.5（a）和图 5.5（b）可以看出，等摩尔负载催化剂时，K_2CO_3 的催化活性明显比 Na_2CO_3 大，这与等质量负载催化剂的对比结果相反。文献[169] 也比较了 Na_2CO_3 和 K_2CO_3 对煤焦水蒸气气化的催化作用，发现等摩尔负载催化剂时，K_2CO_3 的催化活性明显比 Na_2CO_3 大，与本实验结果一致。

为了对 Na_2CO_3 和 K_2CO_3 的催化活性差异进行比较，将负载 Na_2CO_3 与负载 K_2CO_3 煤焦的气化反应速率比值对转化率作图，得到 $r(Na_2CO_3)/r(K_2CO_3)-X$ 图，结果见图 5.5（c）。由图 5.5（c）可知，$r(Na_2CO_3)/r(K_2CO_3)$ 始终小于 1，而且随着碳转化率的增大而减小，这表明两者的差异随着转化率的增大而变大。随着气化的进行，Na_2CO_3 的催化活性越来越差，这可能是 Na_2CO_3 催化剂的失活造成的。

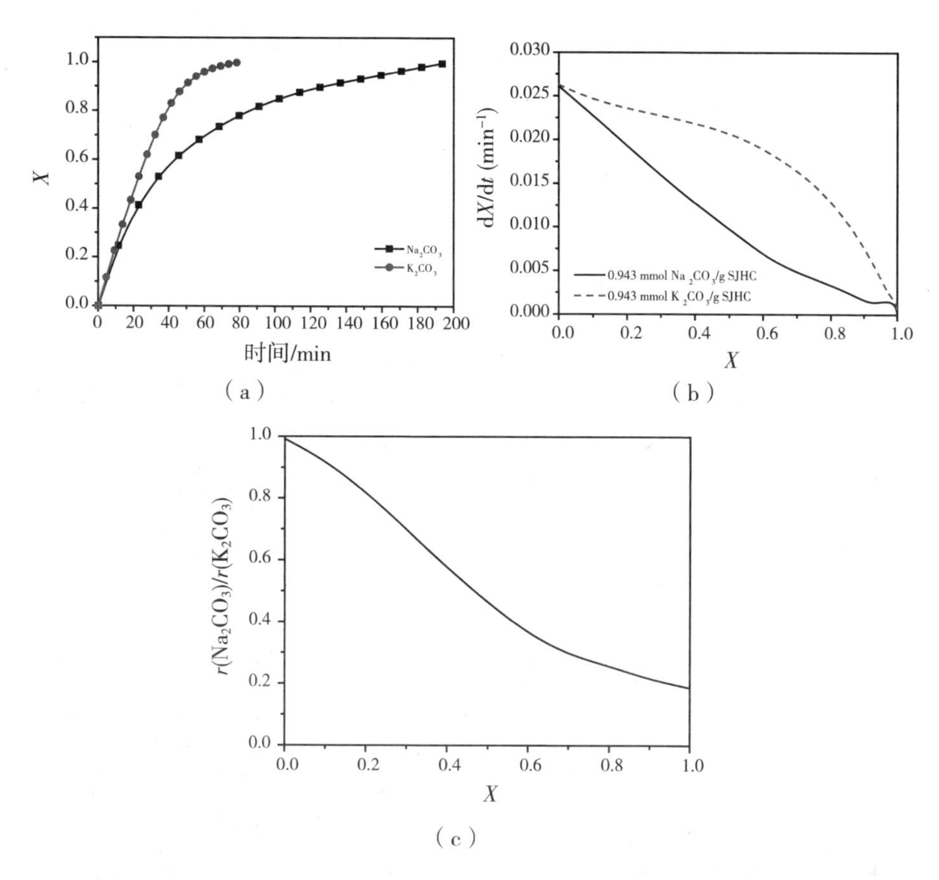

图 5.5　负载 0.943 mmol Na_2CO_3（或 K_2CO_3）/g SJHC 在 800 ℃气化行为的比较

(a) 气化反应性；(b) 气化速率；(c) 气化速率比

5.2.3　灰分对 Na_2CO_3 和 K_2CO_3 催化作用的影响

5.2.3.1　煤焦和脱灰煤焦催化气化反应性的比较

图 5.6 在 800 ℃下对比了负载了 0~15% Na_2CO_3 和 K_2CO_3 煤焦和脱灰煤焦的气化反应性。由图 5.6 可以清楚地看出，无论是煤焦还是脱灰煤焦，气化反应性随着催化剂负载量的增加而增大。此外，添加相同质量百分含量 Na_2CO_3 和 K_2CO_3 的煤焦样品中，脱灰煤焦较不脱灰煤焦的气化反应性大。表明灰分对催化气化有重要影响。煤焦灰分中的矿物质容易在催化气

化过程中与碱金属催化剂发生反应而使催化剂失活，导致不脱灰煤焦比脱灰煤焦的催化气化反应性低。

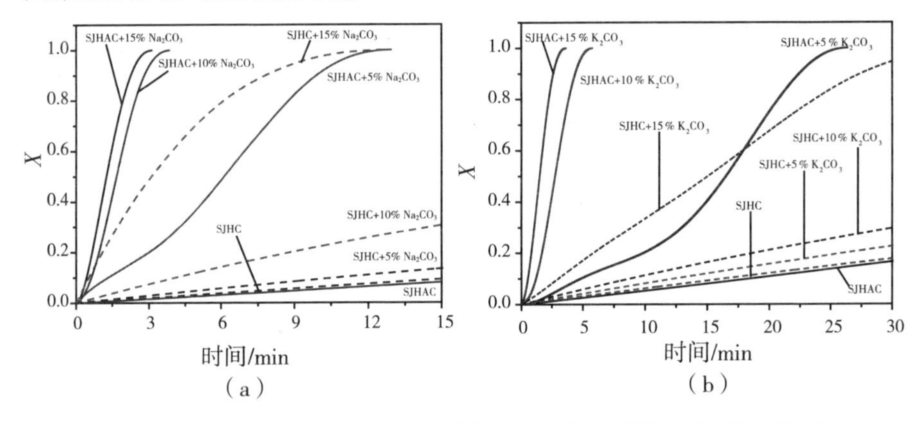

图 5.6　灰分对 Na_2CO_3 和 K_2CO_3 在煤焦 800 ℃气化过程中催化作用的影响

(a) Na_2CO_3；(b) K_2CO_3

5.2.3.2　Na_2CO_3 和 K_2CO_3 对脱灰煤焦催化活性的比较

按等质量百分含量将脱灰煤焦分别负载 5%、10%和 15% Na_2CO_3 和 K_2CO_3，利用 TGA 在相同的实验条件下测定样品在 800 ℃时的气化反应性，结果如图 5.7。由图 5.7 可知，对于脱灰煤焦，相同质量百分含量 Na_2CO_3 的催化活性比 K_2CO_3 大，这与 Na_2CO_3 和 K_2CO_3 对不脱灰煤焦气化的催化作用比较结果一致。此外，由图 5.7 可知，Na_2CO_3 和 K_2CO_3 对煤焦气化催化活性的差异随着催化剂负载量的增大而减小。

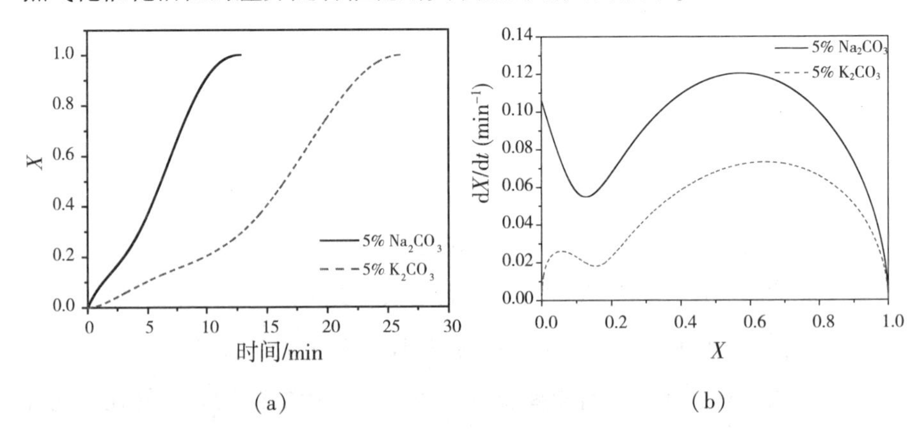

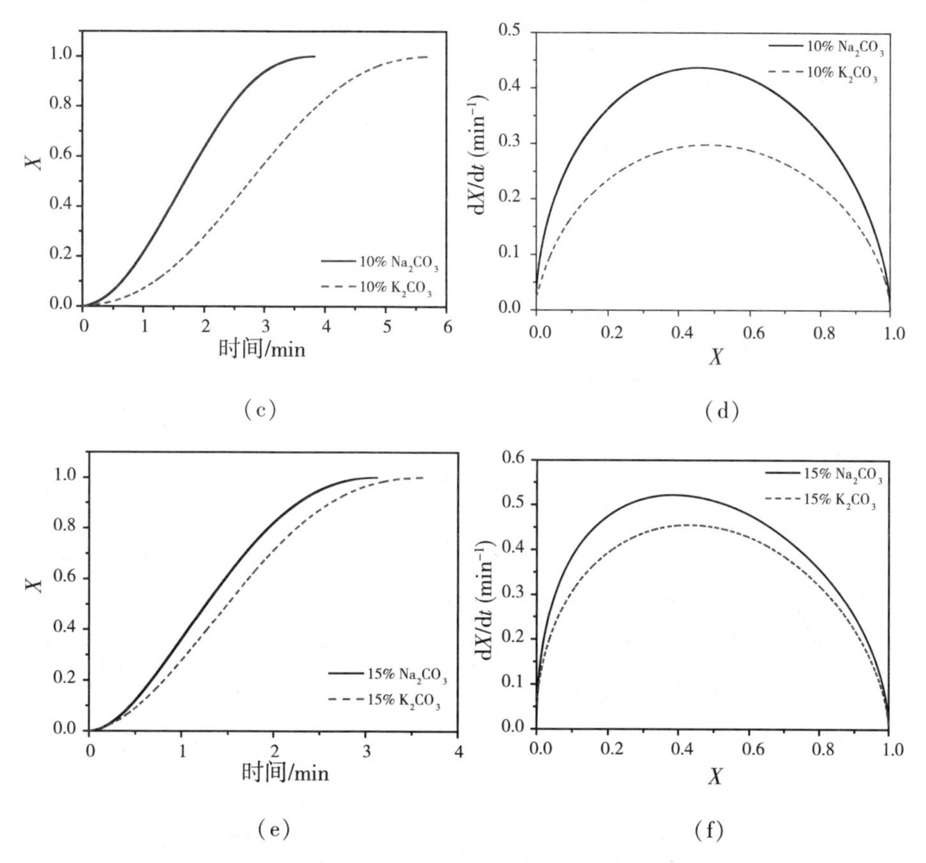

图 5.7　Na_2CO_3 和 K_2CO_3 对脱灰煤焦 800 ℃气化催化作用的比较

(a) 5%，气化反应性；(b) 5%，气化反应速率；(c) 10%，气化反应性；(d) 10%，气化反应速率；(e) 15%，气化反应性；(f) 15%，气化反应速率

由 5.2.2 节可知，Na_2CO_3 和 K_2CO_3 对煤焦气化的催化作用和分子数有关，按照等质量百分含量负载催化剂时，负载 Na_2CO_3 的摩尔数比 K_2CO_3 多，从分子数量的角度来看，等质量负载催化剂时二者不具有可比性。为了在相同分子数量的基础上比较 Na_2CO_3 和 K_2CO_3 的催化活性，按照等摩尔数将催化剂负载到脱灰煤焦，并在与等质量负载催化剂相同的实验条件下测定气化反应性，结果见图 5.8。从图 5.8 可以看出，随着碳转化率的增大，Na_2CO_3 的催化活性先小于 K_2CO_3，然后又大于 K_2CO_3。由

图5.8（c）可以清楚地看到，碳转化率22.4%是分界点，当转化率小于22.4%时，r_d（Na_2CO_3）/r_d（K_2CO_3）<1，说明负载Na_2CO_3脱灰煤焦的气化反应速率小于负载K_2CO_3脱灰煤焦的气化反应速率。然而当转化率大于22.4%时，r_d（Na_2CO_3）/r_d（K_2CO_3）>1，负载Na_2CO_3脱灰煤焦的气化反应速率大于负载K_2CO_3脱灰煤焦的气化反应速率。由5.2.2节内容可知，对于不脱灰煤焦气化，按照等摩尔负载催化剂时，K_2CO_3的催化活性比Na_2CO_3大。这说明煤焦中的灰分对Na_2CO_3和K_2CO_3的催化作用有影响。

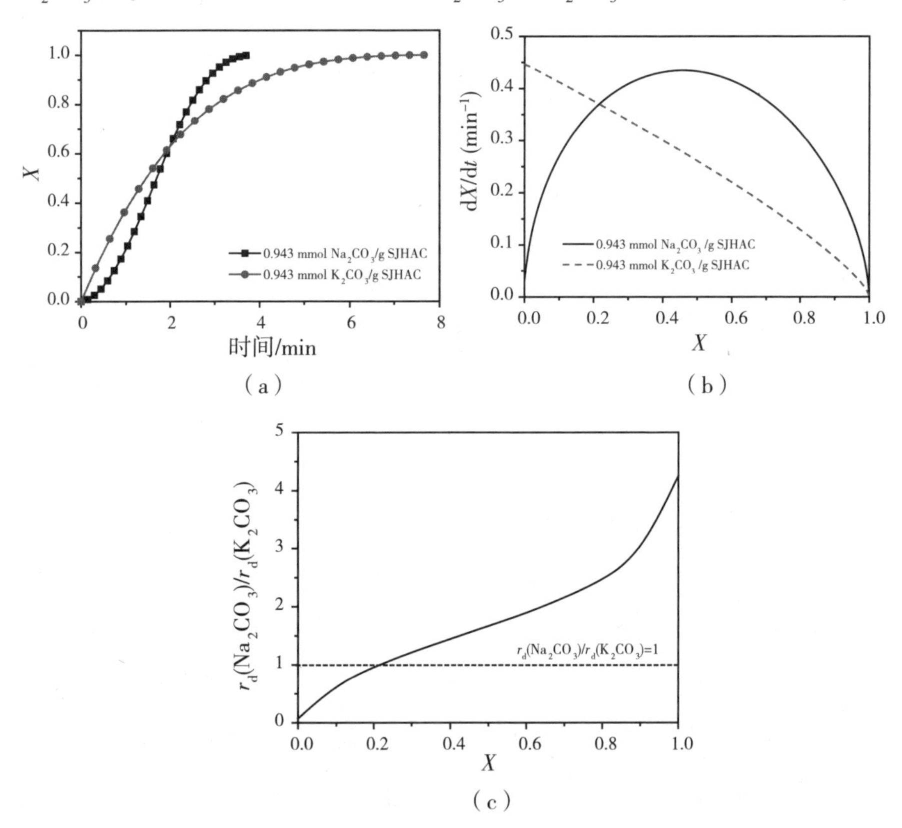

图5.8　负载0.943 mmol Na_2CO_3（或K_2CO_3）/g SJHAC脱灰煤焦800 ℃气化行为的比较

（a）气化反应性；（b）气化速率；（c）气化速率比

为了研究煤焦中的灰分对Na_2CO_3和K_2CO_3催化作用的影响程度，将负载相同摩尔数催化剂的脱灰煤焦和不脱灰煤焦的气化速率相比，然后对碳转化率作图，得到 r_d（Na_2CO_3）/r（Na_2CO_3）$-X$ 图，如图5.9所示。由图5.9可以看出，对于 Na_2CO_3 催化气化，随着碳转化率的增大，r_d（Na_2CO_3）/r（Na_2CO_3）单调增大，说明随气化的进行脱灰煤焦气化速率与不脱灰煤焦气化速率的差异越来越大，当气化完全时二者差异最大。对于 K_2CO_3 催化气化，r_d（K_2CO_3）/r（K_2CO_3）随碳转化率的增大而减小，当碳转化率达到100%时，脱灰煤焦气化速率与不脱灰煤焦气化速率的差异最小，表明随着气化的进行脱灰煤焦气化速率和不脱灰煤焦气化速率越来越接近。这种变化规律与 Na_2CO_3 催化气化的变化规律刚好相反。表明煤焦催化气化的过程中，灰分对 Na_2CO_3 催化作用的影响程度大于对 K_2CO_3 催化作用的影响程度，也就是说 Na_2CO_3 比 K_2CO_3 容易失活。

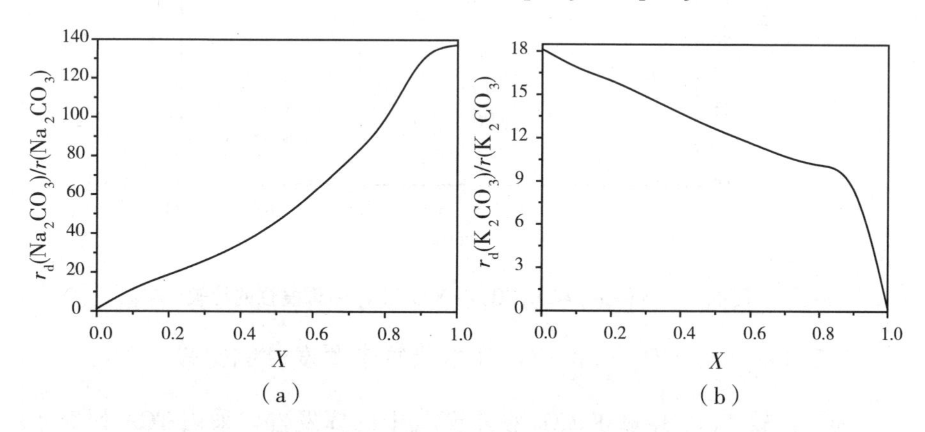

图5.9　负载等摩尔 Na_2CO_3 和 K_2CO_3 脱灰煤焦和煤焦气化速率比

(a) Na_2CO_3；(b) K_2CO_3

5.2.4　Na_2CO_3 和 K_2CO_3 挥发性的比较

5.2.4.1　Na_2CO_3 和 K_2CO_3 在 N_2 中挥发性的比较

为了研究 Na_2CO_3 和 K_2CO_3 在煤焦气化过程中催化活性的差异，利用TGA考察了 Na_2CO_3 和 K_2CO_3 在 N_2 中的挥发性。除气氛外，实验条件与气化条件相同，实验结果见图 5. 10。由图 5. 10 可以看出，Na_2CO_3 和 K_2CO_3 在 N_2 气氛中 800 ℃恒温 119. 5 min 时，Na_2CO_3 失重 0. 75%，而 K_2CO_3 则失重 2. 24%。表明 Na_2CO_3 在 N_2 中的挥发性比 K_2CO_3 小，但二者在将近 2 h 的时间内失重不足 3%，挥发较少，对催化气化影响不大，可以忽略不计。Zhang 等[120] 也研究了 Na_2CO_3 在 N_2 中的挥发性，得到的实验结果与本文一致。

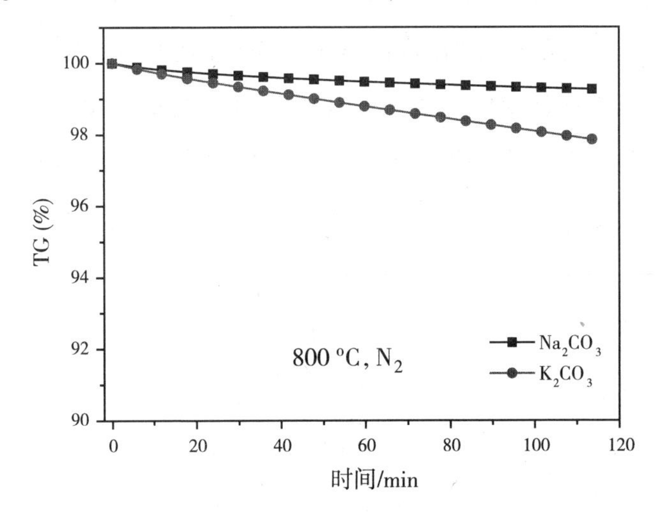

图 5. 10　Na_2CO_3 和 K_2CO_3 在 800 ℃ N_2 中挥发性的比较

5. 2. 4. 2　Na_2CO_3 和 K_2CO_3 在水蒸气中挥发性的比较

为了比较 Na_2CO_3 和 K_2CO_3 在水蒸气中的挥发性，采用 TGA 研究了 Na_2CO_3 和 K_2CO_3 在水蒸气中的失重规律，除气氛外，实验条件与煤焦水蒸气催化气化相同，结果如图 5. 11 所示。由图 5. 11 可知，在 800 ℃时，Na_2CO_3 和 K_2CO_3 在水蒸气中失重率较大。碱金属碳酸盐呈液态时容易挥发，然而 Na_2CO_3 和 K_2CO_3 的熔点分别为 851 ℃和 891 ℃，说明水蒸气气氛中 Na_2CO_3 和 K_2CO_3 的熔点降低，这与文献[170] 的实验结果相符。K_2CO_3 在水蒸气中仅用 58 min 就失重达到平衡，Na_2CO_3 则需 153 min 达到平衡，表明在水蒸气气氛中 K_2CO_3 比 Na_2CO_3 容易挥发。这可能是脱灰煤

焦 Na_2CO_3 催化气化反应性在较高碳转化率时比 K_2CO_3 催化气化反应性高的一个重要原因。

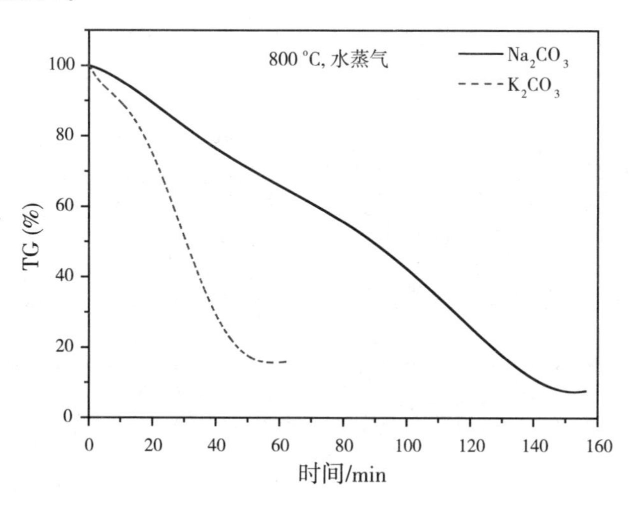

图 5.11　Na_2CO_3 和 K_2CO_3 在 800 ℃水蒸气中热重曲线

5.2.5　Na_2CO_3 和 K_2CO_3 流动性的比较

催化剂在煤焦催化气化过程中的活性取决于煤焦的比表面积和催化剂在煤焦表面的分布，然而催化剂在煤焦表面的分布由催化剂的流动性决定。为了考察催化剂在煤焦水蒸气催化气化过程中的流动性，将脱灰煤焦采用物理混合法分别添加 10% Na_2CO_3 和 10% K_2CO_3，然后利用固定床催化气化反应装置（见图 2.4）在与 TGA 实验相同的条件下气化 15 min 制备催化气化残渣，采用 SEM-EDX 对催化气化残渣进行表征，结果如图 5.12 和表 5.1。从中可以看出，在 800 ℃气化过程中，Na_2CO_3 的流动性明显比 K_2CO_3 好，使得 Na_2CO_3 在煤焦表面的分布相对于 K_2CO_3 比较均匀，同时也表明 Na_2CO_3 在气化过程中可能呈熔融的液态，然而气化温度为 800 ℃，低于 Na_2CO_3 的熔点，这又进一步表明 Na_2CO_3 在水蒸气气氛中熔点降低，与文献[40, 41] 得出的结论相符。文献[122, 171] 也提出 Na_2CO_3 具有良好的流动性，与本文的实验结果一致。由于具有良好的流动性，所以 Na_2CO_3 在较高的碳转化率时对脱灰煤焦气化的催化活性比 K_2CO_3 高。同时 Na_2CO_3 良好的流动性使得其容易与煤焦中的矿物质发生反应而失活，这是 Na_2CO_3 比 K_2CO_3 容易失活的主要原因。

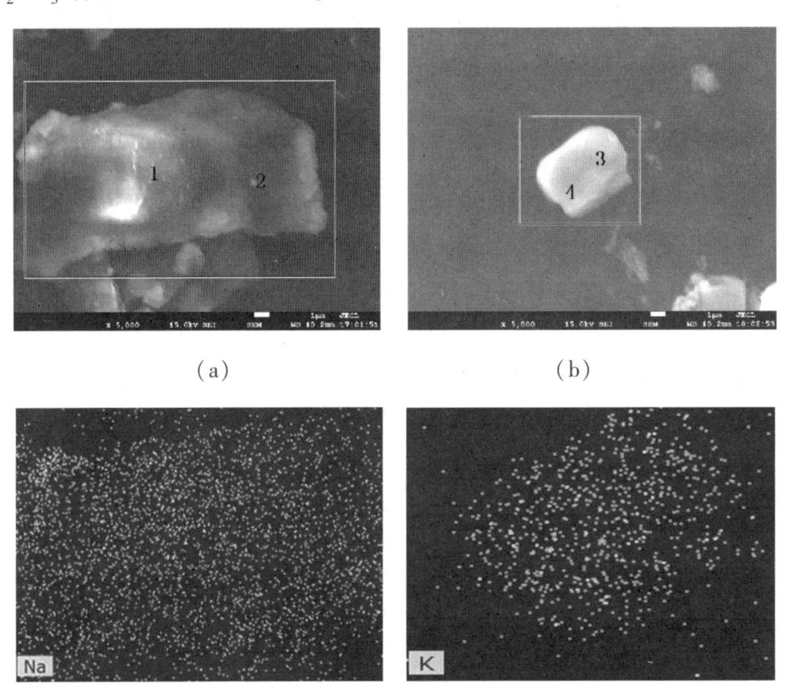

（a）　　（b）

图 5.12　物理混合法加入 10% Na_2CO_3 和 10% K_2CO_3 脱灰煤焦 800 ℃气化 15 min 的气化残渣的 SEM-EDX

（a）Na_2CO_3；（b）K_2CO_3

表 5.1　脱灰煤焦催化气化残渣的 EDX 分析

点位	Na（wt. %）	K（wt. %）
1	28.54	
2	27.79	
3		39.40
4		33.29

5.2.6　脱灰煤焦 Na_2CO_3 和 K_2CO_3 催化气化残渣的 BET 比表面积

为了考察 Na_2CO_3 和 K_2CO_3 对脱灰煤焦催化气化活性的差异，将脱灰煤焦及其 Na_2CO_3 和 K_2CO_3 催化气化残渣的 BET 比表面积进行测定，结果如表 5.2 所示。由表 5.2 可以看出，当转化率为 59.2%时，Na_2CO_3 催化气化残渣的 BET 比表面积大于 59.3%转化率的 K_2CO_3 催化气化残渣的 BET 比表面积，这可能是导致 Na_2CO_3 对脱灰煤焦催化气化活性大于 K_2CO_3 的主要原因之一。

表 5.2　负载 0.943 mmol Na_2CO_3（或 K_2CO_3）/g SJHC 煤焦气化残渣的 BET 比表面积

样品	X (%)	BET 比表面积（m^2/g）
SJHAC		4.5
Na_2CO_3 催化气化残渣	59.2	531.7
K_2CO_3 催化气化残渣	59.3	463.8

5.2.7　Na_2CO_3 和 K_2CO_3 催化气化灰的 XRD 比较

5.2.7.1　煤焦催化气化灰的 XRD 比较

为了研究 Na_2CO_3 和 K_2CO_3 催化活性的差异，将负载 0.943 mmol Na_2CO_3（或 K_2CO_3）/g SJHC 的煤焦在固定床催化气化反应装置上气化制备气化灰，气化条件与 TGA 实验相同。采用 XRD 对气化灰的矿物相组成进行测定，结果如图 5.13 所示。Na_2CO_3 催化气化煤灰的矿物相主要由 $NaAlSiO_4$ 组成。然而 K_2CO_3 催化气化煤灰则主要由 $KAlSiO_4$ 和 K_2SO_4 组成，硅铝酸盐的生成是 Na_2CO_3 和 K_2CO_3 在催化气化过程中失活的主要原因，文献［40，172］也报道了硅铝酸盐的生成是碱金属碳酸盐气化催化剂失活的原因。Na_2CO_3 和 K_2CO_3 在气化过程中生成硅铝酸盐而失活是脱灰煤焦催化气化反应性大于不脱灰煤焦催化气化反应性的主要原因。

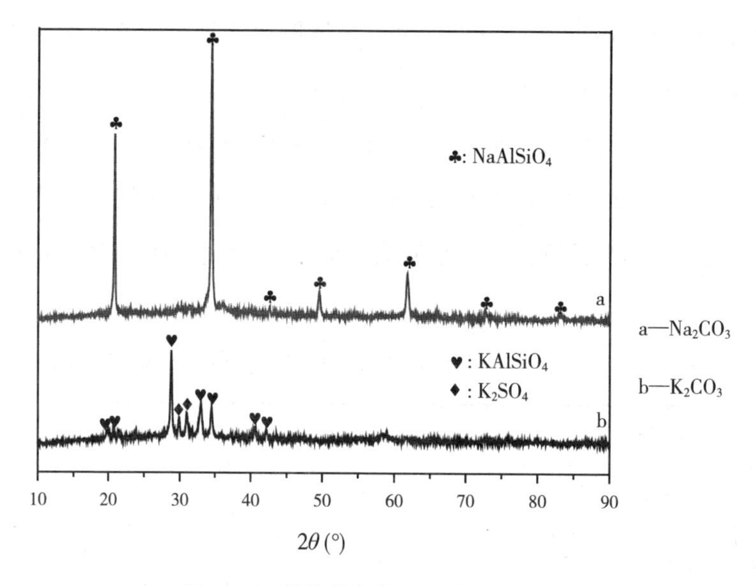

图 5.13　煤焦催化气化灰的 XRD 谱图

5.2.7.2　脱灰煤焦催化气化灰的 XRD 比较

将负载 0.943 mmol Na_2CO_3（或 K_2CO_3）/g SJHAC 的脱灰煤焦在固定床催化气化反应装置（见图 2.4）上气化制备气化灰，气化灰的 XRD 谱图见图 5.14。由图 5.14 可知，Na_2CO_3 催化气化灰主要由 Na_2CO_3 组成，同时还有部分 $NaAlO_2$ 和 $NaFeO_2$。然而 K_2CO_3 催化气化灰中的主要矿物相为 $K_2CO_3 \cdot 1.5H_2O$，此外还有少量的 KFe_2S_3 和 K_2SO_4。这进一步说明了脱灰煤焦催化气化反应性比不脱灰煤焦催化气化反应性大的原因，Na_2CO_3 和 K_2CO_3 在脱灰煤焦气化过程中不失活，但在不脱灰煤焦气化过程中 Na_2CO_3 和 K_2CO_3 与矿物质反应生成硅铝酸盐而失活。

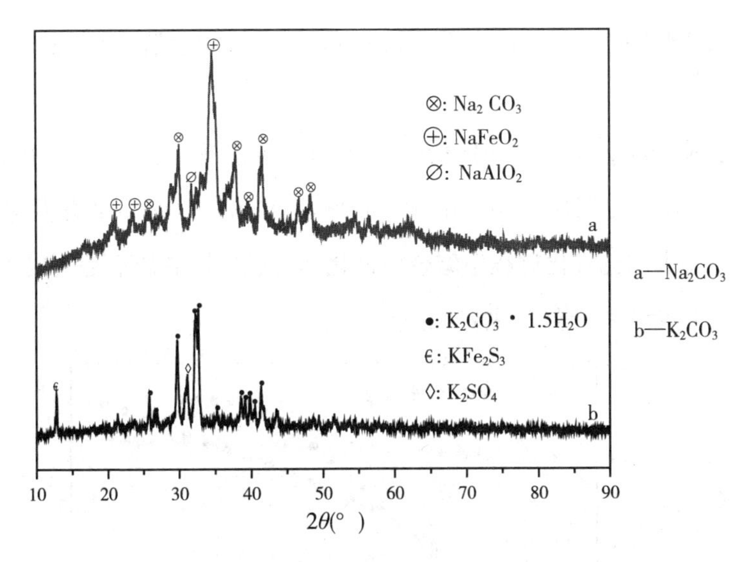

图 5.14　脱灰煤焦催化气化灰的 XRD 谱图

5.2.8　$NaAlSiO_4$ 和 $KAlSiO_4$ 的催化作用

由 5.2.7 节讨论可知，Na_2CO_3 和 K_2CO_3 催化气化煤灰的主要矿物相分别为 $NaAlSiO_4$ 和 $KAlSiO_4$。为了研究 Na_2CO_3 和 K_2CO_3 对煤焦气化催化作用的差异，有必要考察为 $NaAlSiO_4$ 和 $KAlSiO_4$ 的催化作用。采用物理混合法将 $NaAlSiO_4$ 按质量比 10%添加到脱灰煤焦中，采用 TGA 在 800 ℃进行气化反应性测定。气化实验条件与脱灰煤焦气化条件相同，结果见图 5.15。由图 5.15 可知，当转化率小于 65%时，脱灰煤焦的气化反应性与负载 10% $NaAlSiO_4$ 脱灰煤焦的气化反应性基本相同，但是当转化率大于 65%时，负载 10% $NaAlSiO_4$ 脱灰煤焦的气化反应性小于脱灰煤焦的气化反应性，说明 $NaAlSiO_4$ 没有催化作用。Wang 等[153] 对转化率超过 65%时负载 10% $NaAlSiO_4$ 脱灰煤焦的气化反应性小于脱灰煤焦的原因进行了分析，认为随着气化反应的进行，负载的 $NaAlSiO_4$ 堵塞了煤焦的微孔，导致气化剂无法进入微孔，阻碍了气化剂与煤焦的有效接触，从而导致负载 NaAl-

SiO_4 脱灰煤焦的气化反应性低于没有负载 $NaAlSiO_4$ 脱灰煤焦的气化反应性。

关于 $KAlSiO_4$ 对煤焦气化的催化作用，Ding 等[173] 通过实验证明了 $KAlSiO_4$ 没有任何催化作用。由于 $NaAlSiO_4$ 和 $KAlSiO_4$ 都没有催化作用，因此，在煤焦催化气化过程中碱金属催化剂生成硅铝酸盐不是造成 Na_2CO_3 和 K_2CO_3 催化作用差异的主要原因。

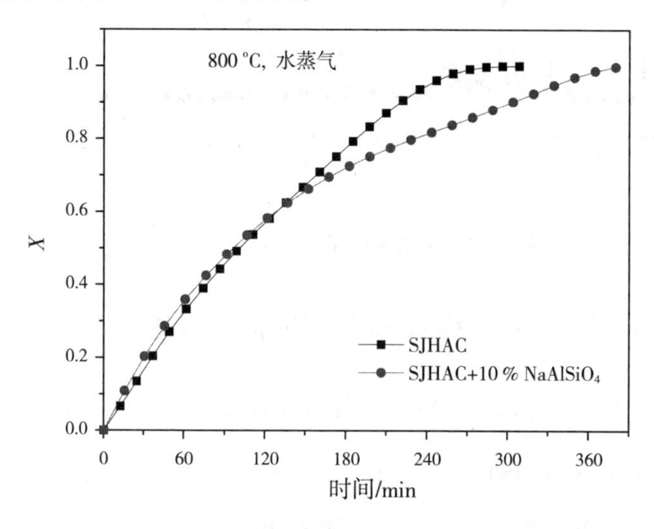

图 5.15　$NaAlSiO_4$ 对脱灰煤焦 800 ℃气化反应性的影响

5.3　本章小结

本章对孙家壕煤焦及其脱灰煤焦在气化过程中 Na_2CO_3 和 K_2CO_3 催化作用差异进行了研究，对造成 Na_2CO_3 和 K_2CO_3 催化作用不同的原因进行了分析，得到的主要结论如下。

①Na_2CO_3 和 K_2CO_3 对孙家壕煤焦水蒸气气化都具有良好的催化作用，按照等质量百分含量负载催化剂和按照等摩尔数负载催化剂的比较结果不同，说明催化剂的催化作用在一定负载量范围内与催化剂的分子数量有

关。对于脱灰煤焦气化，按等质量百分含量负载催化剂时，Na_2CO_3 的催化活性比 K_2CO_3 大。但按等摩尔数负载催化剂时，当转化率较低时，Na_2CO_3 的催化活性比 K_2CO_3 小，当转化率大于 22.4%时，Na_2CO_3 的催化活性比 K_2CO_3 大，这是由于随着气化的进行，脱灰煤焦的比表面积急剧增大，加上 Na_2CO_3 的流动性比较好，使得 Na_2CO_3 在煤焦表面分散更加均匀，导致 Na_2CO_3 的催化气化活性较高。

②在煤焦催化气化过程中，Na_2CO_3 比 K_2CO_3 容易失活。Na_2CO_3 在水蒸气气化过程中具有比较好的流动性，容易与煤焦中的矿物质发生反应生成没有催化作用的 $NaAlSiO_4$，是其失活的主要原因。

③虽然 Na_2CO_3 比 K_2CO_3 容易失活，但等质量的添加量前者催化作用较大，因此，可通过调节添加量取得适当的催化作用，以 Na_2CO_3 代替 K_2CO_3 是可行的。

第6章

水洗法回收 Na_2CO_3 催化剂的初步研究

催化剂的回收是制约煤催化气化大规模工业化生产的一个重要原因，催化剂的回收率决定煤催化气化成本。另外，用碱金属的碳酸盐作为煤气化催化剂时，催化气化煤灰中存在大量碱金属，如果不加以回收，容易造成环境污染[174]。

综合文献提到的催化剂回收方法，主要分为两大类。一类是磁选分离法，Kim 等[59] 将 K_2CO_3 催化剂负载到钙钛矿载体上，气化完全后，根据催化剂的粒径大小和铁磁性采用磁性分离法。另一类是溶剂提取法，溶剂提取法是将催化气化残渣采用合适的溶剂进行提取，采用的提取溶剂主要有水和无机酸。Exxon 公司[3] 采用水洗法回收气化催化剂，回收率在 70%左右。Sheth 等[23] 分别采用水、硫酸和醋酸回收气化催化剂，采用硫酸法回收催化剂时，回收率达 95%以上。陈杰[58] 和王兴军[175] 采用水洗法从煤水蒸气催化气化的残渣中回收 K_2CO_3 催化剂，回收率可以达到 80%。采用酸洗法回收煤催化气化催化剂有如下缺点：①酸洗法回收气化催化剂的过程中能使催化剂中引入酸根离子，导致催化剂的活性降低；②采用酸洗法回收气化催化剂时，酸对设备有腐蚀性，对设备材质要求较高，不利于大规模工业化生产；③相对于水洗法回收气化催化剂，酸洗法回收催化剂需要除杂，程序复杂，成本较高。

本章实验以水、乙酸铵、饱和石灰水和盐酸分别作为催化剂的回收试剂，采用淋洗法回收催化剂，了解气化催化剂萃取特性。

6.1 实验部分

6.1.1 Na_2CO_3 催化气化煤灰的制备

6.1.1.1 不脱灰煤焦催化气化煤灰的制备

由前文的研究结果知道，煤焦中的灰分对气化反应性有很大的影响。因此首先考察不脱灰煤焦催化气化渣中催化剂的回收。为了使煤焦有较高的气化反应性，本实验采用浸渍法将 Na_2CO_3 负载到煤焦上，负载量分别为7.5%、10%、12.5%和 15%。然后利用常压固定床催化气化反应装置（见图 2.4）在 800 ℃下将煤焦气化完全，制备气化灰，实验方法见 2.1.3 节。气化完全后，将催化气化煤灰在 105 ℃干燥 2 h，用玛瑙研钵研磨均匀后，放入干燥器中备用。

6.1.1.2 脱灰煤焦催化气化煤灰的制备

以脱灰煤焦为实验样品，采用浸渍法将其负载 15% Na_2CO_3，然后在常压固定床气化反应装置（见图 2.4）上制备催化气化煤灰，方法与制备不脱灰煤焦催化气化煤灰相同，详细实验方法见 2.1.3 节。

6.1.2 钠的回收

水、1 mol/L 乙酸铵溶液、饱和石灰水和 1∶1 盐酸作为催化剂的回收剂，采用淋洗法对 6.1.1 节制备的催化气化煤灰中的催化剂进行回收，实验方法见 2.2.5 节。采用水洗法对 6.1.1 节制备的脱灰煤焦催化气化灰中的催化剂进行回收，实验方法见 2.2.5 节。

6.1.3 样品表征

采用 ICP 对 6.1.2 制备的催化剂回收溶液进行钠离子测定。采用 XRD

分析催化剂回收残渣的矿物相组成，分析条件见 2. 3. 3 节。

6. 1. 4　计算方法

以钠原子的质量为基准计算钠催化剂回收率，计算公式如下：

$$\eta = \frac{m_{活}}{m_{总} - m_{挥发} - m_{失活}} \times 100\% \tag{6-1}$$

其中，η 代表钠催化剂的回收率，$m_{活}$ 代表可溶钠的质量，$m_{总}$ 代表加入钠催化剂的总质量，$m_{挥发}$ 代表挥发的钠的质量，$m_{失活}$ 代表不可溶钠的质量。

钠催化剂失活率的计算以煤焦质量为基准，计算公式如下：

$$\eta_{\mathrm{d}} = \frac{m_{失活}}{m_{煤焦}} \tag{6-2}$$

其中，η_{d} 代表钠催化剂的失活率，$m_{失活}$ 代表不可溶钠的质量，$m_{煤焦}$ 代表煤焦的质量。

6. 2　结果与讨论

6. 2. 1　Na_2CO_3 负载量对钠回收率的影响

采用水洗法回收不同 Na_2CO_3 负载量催化气化煤灰中钠的回收率结果见图 6. 1。由图 6. 1 可以看出，钠的回收率随着催化剂负载量的增大而增大，当催化剂负载量由 7. 5%增大到 10%时，钠催化剂的回收率明显增大，但是当催化剂的负载量从 10%增加到 15%时，钠催化剂的回收率增加速度变慢，这可能与钠催化剂在气化过程中的失活有关。当催化剂负载量为 15%时，钠催化剂的回收率为 39. 5%。然而文献[58] 报道的气化催化剂的回收率为 80%，远大于本实验的回收率，这可能与采用的煤种和实验条件不同有关。

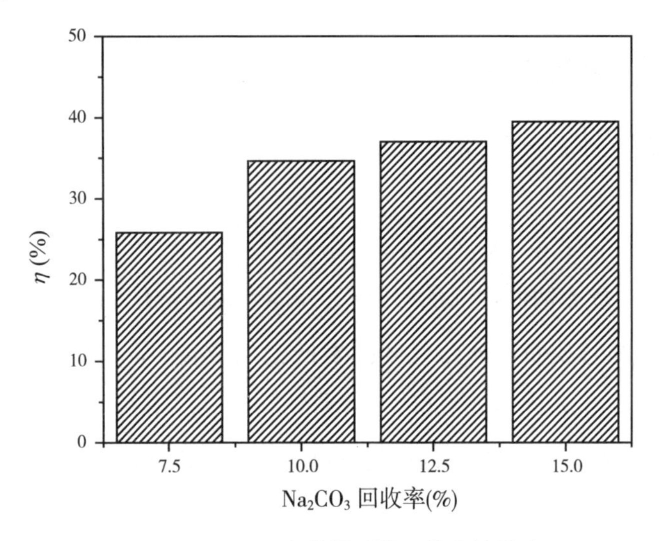

图 6.1　Na_2CO_3 负载量对钠回收率的影响

6.2.2　不脱灰煤焦与脱灰煤焦在催化气化过程中钠回收率比较

为了考察煤焦中的灰分对钠催化剂回收率的影响，采用不脱灰煤焦和脱灰煤焦为实验样品，分别负载 15% Na_2CO_3，利用常压固定床催化气化反应装置（见图 2.4），在 800 ℃下制备气化灰，并采用水洗法回收钠催化剂，回收率结果见图 6.2。由图 6.2 可知，脱灰煤焦催化气化灰的催化剂回收率显著高于不脱灰煤焦催化气化灰，前者高达 89.1%，而后者仅为 39.5%，表明灰分对催化剂回收率有显著影响，灰分中的矿物质与 Na_2CO_3 催化剂在气化过程中生成水不溶的硅铝酸钠是导致催化剂回收率低的主要原因。

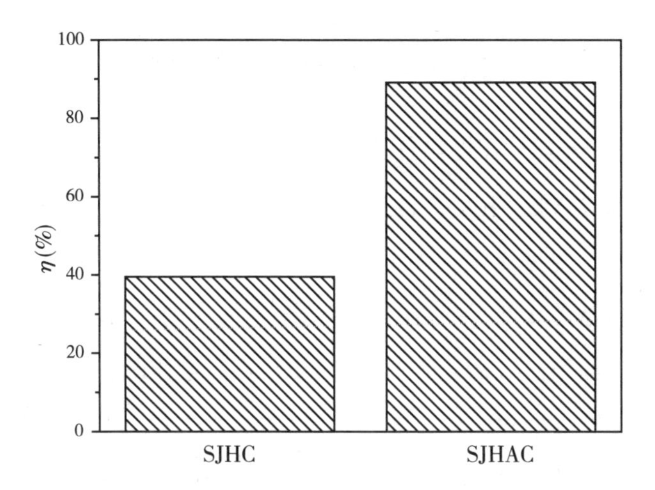

图 6.2　水洗法回收负载 15% Na_2CO_3 煤焦和脱灰煤焦 800 ℃气化灰中钠催化剂的回收率比较

6.2.3　钠催化剂回收残渣的 XRD 分析

对催化气化煤灰采用水洗法回收钠催化剂的残渣进行物相分析，结果见图 6.3。由图可知，残渣的主要矿物相为 $NaAlSiO_4$，与催化气化煤灰的物相组成相比，变化不大。同时也可以看出 $NaAlSiO_4$ 不溶于水。因此，采用水洗法无法回收生成硅铝酸钠的那一部分钠，导致钠催化剂的回收率较低。

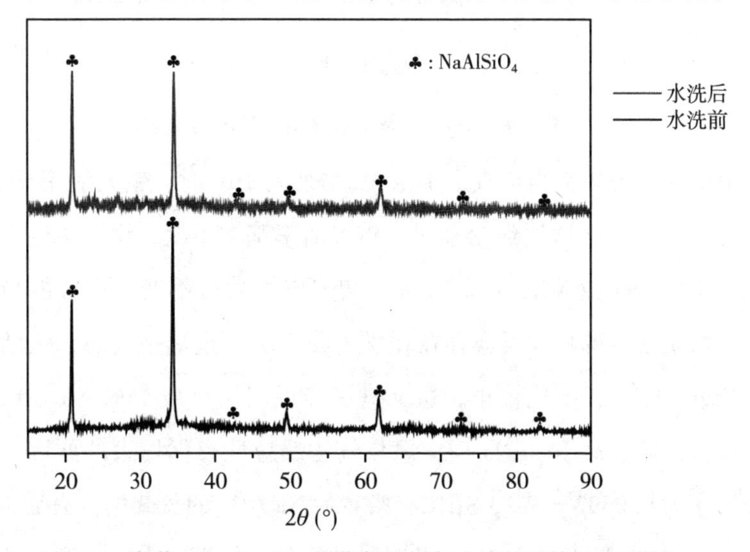

图 6.3　负载 15% Na_2CO_3 煤焦气化煤灰水洗前后的 XRD 谱图

6.2.4 Na_2CO_3 负载量对钠失活率的影响

为了考察 Na_2CO_3 在煤焦气化过程中的失活规律，按质量百分含量将煤焦分别负载 7.5%、10%、12.5%和 15% Na_2CO_3，利用常压固定床催化气化反应装置（见图 2.4）制备催化气化煤灰。然后采用水洗法回收气化灰中的可溶性钠催化剂，剩余的不溶钠作为失活钠。将不溶钠和煤焦的质量比作为钠失活率。将钠失活率对 Na_2CO_3 负载量作图，结果见图 6.4。

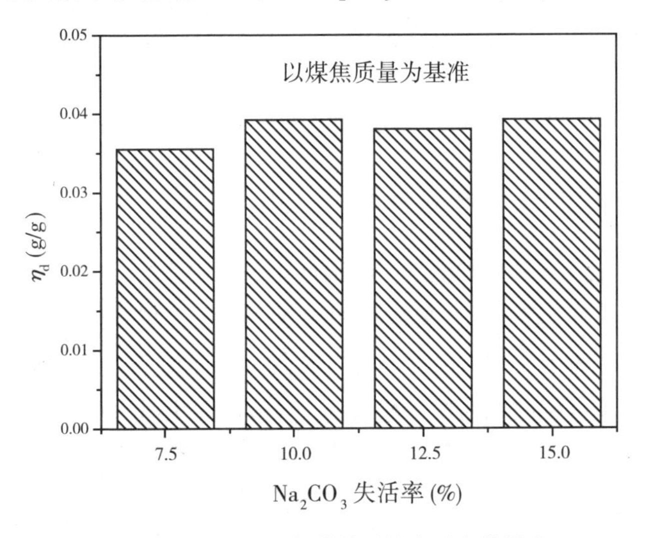

图 6.4 Na_2CO_3 负载量对钠失活率的影响

由图 6.4 可知，当负载量由 7.5%增加到 10%时，钠失活率显著增大，但当负载量由 10%增加到 15%时，钠失活率基本不变，说明钠的失活达到饱和。钠失活率随 Na_2CO_3 负载量的增大先增大后不变，这可能与钠和煤焦中矿物质之间的化学反应存在化学平衡有关，远离平衡时，失活率变化大，接近平衡时，变化较小。这又进一步说明了负载 15% Na_2CO_3 煤焦的气化反应性比负载 10% Na_2CO_3 煤焦气化反应性突然增大的原因。钠的饱和失活率为 0.0392 g Na/g SJHC，换算为 Na_2CO_3 的负载量，失活达到饱和时 Na_2CO_3 负载量大约为 9%，此时钠的摩尔数与煤灰中铝的摩尔数基本成

1∶1 的关系，文献［42，176］提出了钾催化剂在煤焦水蒸气气化过程中的失活量与煤焦中的铝含量成 1∶1 的线性关系，与本实验的结论相符。

6.2.5　不同回收溶剂对钠回收率的影响

采用水洗法回收催化气化煤灰中的钠催化剂时，回收率较低。文献[176] 指出乙酸铵溶液和盐酸淋洗对气流床煤气化灰中无机金属的溶出率较水洗好。Yuan 等[60] 采用石灰水回收煤气化残渣中的钾催化剂，回收率大于 90%。因此，本文也分别采用 1 mol/L 乙酸铵溶液、饱和石灰水和 1∶1 盐酸作为回收溶剂从 Na_2CO_3 催化气化煤灰中回收钠催化剂，并将回收效果与水洗法进行对比。不同方法回收率结果如图 6.5 所示。

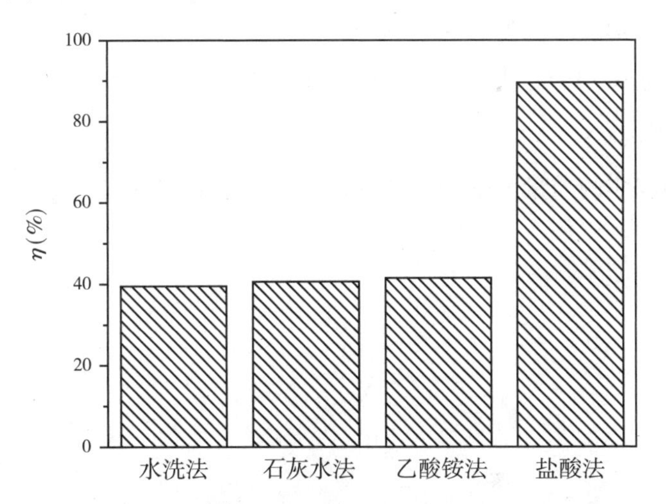

图 6.5　水洗法、石灰水洗法、乙酸铵溶液洗法和盐酸洗法钠回收率的比较

从图中可以看出，盐酸作为回收溶剂时回收率最高，达到 89%，表明大部分 $NaAlSiO_4$ 可溶于盐酸。而乙酸铵溶液作为回收溶剂时回收率稍微大于水洗时的回收率，然而采用饱和石灰水回收钠催化剂时，回收率与水洗法相比有所增大，但增加幅度不大，而文献[60] 在 N_2 气氛和加压的条件下采用石灰水回收煤气化灰中的钾催化剂，回收率较高。表明常压和空气气氛中饱和石灰水中的 Ca^{2+} 无法将 $NaAlSiO_4$ 中的 Na^+ 置换出来，导致其回收率较低。

6.3 本章小结

本章研究了孙家壕煤焦催化气化过程中钠催化剂的失活规律及不同回收溶剂对催化气化灰中钠催化剂回收率的影响，得到的主要结论如下：

①水洗法回收钠催化剂的回收率较低（39.5%），但盐酸回收钠催化剂时回收率达到89%，表明催化气化灰中相当一部分钠以不溶于水但可溶于盐酸的 $NaAlSiO_4$ 形式存在。

②采用饱和石灰水回收钠催化剂时，在常压和空气条件下石灰水中的 Ca^{2+} 无法将 $NaAlSiO_4$ 中的 Na^+ 置换出来，导致常压和空气气氛中钠催化剂回收率较低。

③以煤焦的质量为基准，钠催化剂失活达到饱和时 Na_2CO_3 负载量大约为9%。

第7章

烧结法回收 Na_2CO_3 催化剂和提取氧化铝的初步研究

由前几章的讨论可知，相当一部分 Na_2CO_3 在高铝煤焦催化气化过程中失活，采用水洗法回收 Na_2CO_3 催化剂时回收率很低，造成 Na_2CO_3 催化剂的损失，使催化气化成本提高。虽然采用盐酸回收钠催化剂能够获得较高的回收率，但盐酸法回收钠催化剂时需要用到大量强酸，对设备的材质要求很高，使催化剂回收成本增加。同时盐酸法回收钠催化剂时，产生副产物，需要净化，使得催化剂的回收程序复杂化，回收成本提高，因此盐酸洗涤回收钠催化剂的方法不适合于工业化生产的要求。

由文献[101]可知，拜耳法从铝土矿中提取氧化铝所采用的原料之一为苛性钠，而苛性钠在提铝的过程中转变为 Na_2CO_3，再将 Na_2CO_3 进行苛化转变为苛性钠，所以 Na_2CO_3 是拜耳法生产氧化铝的中间产物。由于本研究的实验煤样是高铝煤，含有高岭石和勃姆石等含铝矿物质，如果在高铝煤催化气化过程中选用 Na_2CO_3 作为催化剂，虽然在催化气化过程中会有部分 Na_2CO_3 失活导致钠催化剂的损失，但是可以考虑同时提取一部分氧化铝产品，弥补钠催化剂的损失。

对于粉煤灰提取氧化铝的各种工艺，石灰烧结法技术相对成熟。因此，本章重点研究采用石灰烧结法提取氧化铝同时回收 Na_2CO_3 催化剂的可行性，取得适宜的操作参数和回收率数据，为高铝煤催化气化灰中钠和铝的同时回收工艺开发提供理论指导。

7.1 实验部分

7.1.1 烧结法提取氧化铝煤灰的制备

利用常压固定床催化气化反应装置（见图 2.4）在 800 ℃下将负载一定量 Na_2CO_3 的煤焦进行气化，具体的实验方法参见 2.1.3 节。将气化完全后的催化气化灰在真空干燥箱中于 105 ℃烘干 2 h，然后用玛瑙研钵研磨均匀，使煤灰的粒径小于 120 目。之后采用水洗法回收水溶的钠催化剂，剩余的煤灰残渣作为烧结法提取氧化铝的原料，用于提取氧化铝同时回收钠催化剂。

7.1.2 煤灰的活化

称取一定质量的催化气化煤灰，以煤焦的质量为基准，分别添加 9%、12%、15%和 18%的 $Ca(OH)_2$，采用玛瑙研钵研磨均匀，然后在高温马弗炉中于 800~1 250 ℃下煅烧活化，制备活化熟料。活化时间分别为 0.5 h、1 h、2 h 和 3 h，详细的实验方法见 2.2.6 节。将制备的活化熟料用玛瑙研钵研磨均匀，密闭封存后放入干燥器中以备检测和后续实验使用。

7.1.3 活化熟料的溶出

采用水作为溶剂，将 7.1.2 节制备的活化熟料进行溶解，实验方法参见 2.2.7 节，溶出温度分别为 40 ℃、50 ℃、60 ℃、70 ℃、80 ℃和 90 ℃，溶出时间分别为 5 min、10 min、20 min、40 min 和 60 min，然后将溶出液过滤，得到含铝酸钠的粗溶液（简称粗液），将滤液定容至 100 mL，采用移液管准确量取 10 mL 于 300 mL 的烧杯中，采用氟盐取代 EDTA 络合滴定法测定铝的含量，实验方法见 2.2.8 节。

7.1.4　精液的净化

铝酸钠粗溶液含有游离的硅，需要净化除杂。除杂的方法是向粗液中加入饱和 Ca（$OH)_2$ 悬浮液，在常温下搅拌 30 min，然后过滤，除去杂质，得到精制的铝酸钠溶液（简称精液）。

7.1.5　精液的碳酸化和过滤

精液的碳酸化方法如下：将精液在 40～60 ℃的水浴中边搅拌边通入 CO_2 气体，当溶液 pH 接近 7 时，停止通入 CO_2 气体，将氢氧化铝的乳浊液静置，过滤，即可得到 Al（$OH)_3$ 沉淀，将其在真空干燥箱中 100 ℃干燥 10 h，密闭封存放入干燥器中备用。

7.1.6　Al（$OH)_3$ 煅烧分解

将 Al（$OH)_3$ 在马弗炉中于 1 200 ℃下煅烧 2 h，冷却后即可得到氧化铝，将制备的氧化铝存放到干燥器中备用。

7.1.7　样品表征

采用 XRD 技术分析催化气化灰、水洗残渣、活化熟料、熟料溶出残渣和氧化铝产品的物相组成，测试条件见 2.3.3 节。利用 ICP 测定催化气化灰和活化熟料中的 Na、Al 和 Ti 等无机元素。采用 SEM-EDX 和 ICP 分析氧化铝产品的纯度。

7.2　结果与讨论

7.2.1　催化气化煤灰与粉煤灰的比较

由文献［177-181］可知粉煤灰主要由莫来石、刚玉和无定形石英组成。由图 3.9 可知，高铝煤焦 Na_2CO_3 催化气化灰主要成分为 $NaAlSiO_4$，与粉煤灰的矿物相组成存在很大差别，这是由于粉煤灰和催化气化煤灰形成的温度不同。文献［182］指出粉煤灰的形成温度在 1 300 ℃以上，然而本文中制备的催化气化灰是在 800 ℃形成的。因此，二者化学成分存在很大差别。

7.2.2 催化气化煤灰的煅烧活化

由上章可知，在高铝煤焦 Na_2CO_3 催化气化过程中，Na_2CO_3 容易和煤灰中的矿物质发生反应而失活，导致催化剂的回收率低。由于本实验选用的煤样是高铝煤，根据拜耳法生产氧化铝的原理，可以采用提取氧化铝的方法来提高钠催化剂的回收率。根据文献［183-184］可知，拜耳法提取氧化铝适用于铝硅比（Al/Si）为 4.5~12 的铝土矿，然而孙家壕煤焦催化气化灰中的 Al/Si 仅为 1.28，硅含量偏高，难以制备高纯度氧化铝，所以必须降低硅含量，提高铝硅比。

由前文可知，孙家壕煤焦催化气化灰的主要成分为硅铝酸钠（$NaAlSiO_4$），然而 $NaAlSiO_4$ 相当稳定，不溶于水，必须经过活化才能打破硅铝网络结构。常用的活化剂有 Na_2CO_3[185-186] 和石灰[187]，加入 Na_2CO_3 活化虽然能打破硅铝键，但无法将铝硅完全分离，对氧化铝提取不利。加入石灰活化后，可使硅生成 Ca_2SiO_4，实现铝硅分离，提高铝硅比，有利于氧化铝提取。因此，本实验以 $Ca(OH)_2$ 作为活化剂在 800~1 250 ℃的温度区间内对催化气化灰进行煅烧活化。

7.2.2.1 煅烧温度的影响

采用 XRD 对活化熟料的矿物相组成进行分析，结果见图 7.1。

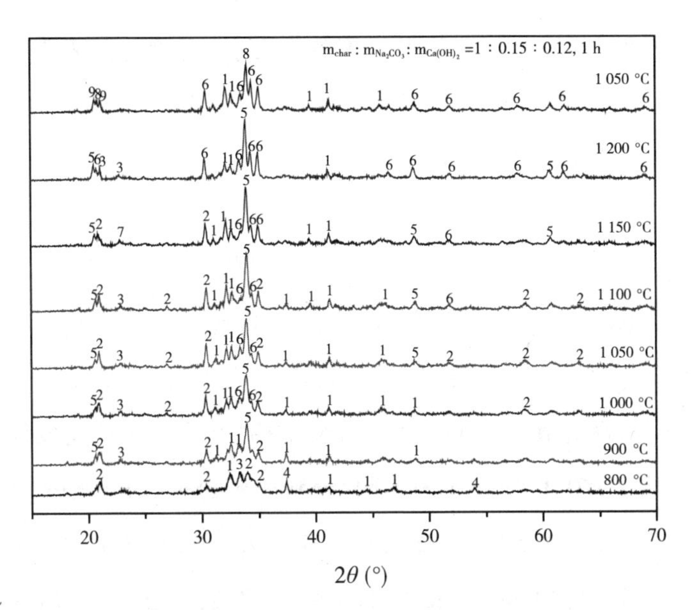

图 7.1　温度对催化气化灰 Ca（OH）$_2$ 煅烧的影响

1—Ca_2SiO_4；2—$Na_{1.95}Al_{1.95}Si_{0.05}O_4$；3—$Na_2MgSiO_4$；4—CaO；5—$Na_2CaSiO_4$；

6—$NaAlO_2$；7—Ca_3SiO_5；8—$Na_{1.74}Mg_{0.865}Si_{1.135}O_4$；9—$Na_2ZnSiO_4$

由图 7.1 可以看出，800 ℃煅烧活化时，活化熟料中的主要矿物相为 Ca_2SiO_4、$Na_{1.95}Al_{1.95}Si_{0.05}O_4$、$Na_2MgSiO_4$ 和 CaO，表明加入的 Ca（OH）$_2$ 没有完全和煤灰中的硅铝矿物质发生反应，仅有一部分反应生成了 Ca_2SiO_4，大部分 Ca（OH）$_2$ 则分解生成了 CaO。同时也可以看出，催化气化灰中的 $NaAlSiO_4$ 则转变成了 $Na_{1.95}Al_{1.95}Si_{0.05}O_4$ 和 Na_2MgSiO_4，表明煅烧活化的温度不够高，无法使 $NaAlSiO_4$ 和 Ca（OH）$_2$ 反应生成 $NaAlO_2$。当煅烧温度为 900 ℃ 时，煤灰成分发生了变化，主要晶相为 Ca_2SiO_4、$Na_{1.95}Al_{1.95}Si_{0.05}O_4$、$Na_2MgSiO_4$ 和 Na_2CaSiO_4，且 Na_2CaSiO_4 峰的强度较高，同时 CaO 峰消失，表明 Ca（OH）$_2$ 完全参加了反应。但仍然没有出现 $NaAlO_2$，说明活化温度没有达到生成 $NaAlO_2$ 所需要的温度。当进一步将煅烧温度升高到 1 000 ℃时，活化熟料的矿物相组成又发生了变化，主要晶相包括 Ca_2SiO_4、$Na_{1.95}Al_{1.95}Si_{0.05}O_4$、$NaAlO_2$、$Na_2MgSiO_4$ 和 Na_2CaSiO_4，

出现了 $NaAlO_2$ 的峰，但是 $NaAlO_2$ 峰的强度不是很高，这表明 $NaAlSiO_4$ 和 $Ca(OH)_2$ 反应生成 $NaAlO_2$ 需要在 1 000 ℃以上。当煅烧温度提高到 1 050 ℃时，活化熟料的物相组成与 1 000 ℃的活化熟料物相组成差别不大，不同之处在于 $NaAlO_2$ 和 Na_2CaSiO_4 的峰强度稍微增强，位于 30.5°处 $Na_{1.95}Al_{1.95}Si_{0.05}O_4$ 的峰略微减弱。1 100 ℃煅烧活化时，活化熟料的矿物相组成与 1 050 ℃的熟料矿物相组成相似，但是位于 51.8°处的 $Na_{1.95}Al_{1.95}Si_{0.05}O_4$ 峰则转变为 $NaAlO_2$，说明 $Na_{1.95}Al_{1.95}Si_{0.05}O_4$ 在 $Ca(OH)_2$ 的活化作用下可以脱除硅铝酸钠中的硅而转变成为水溶性的 $NaAlO_2$。由 1 150 ℃煅烧制备的活化熟料的矿物相组成可以看出，熟料中的主要物相为 Ca_2SiO_4、$Na_{1.95}Al_{1.95}Si_{0.05}O_4$、$Na_2CaSiO_4$ 和 $NaAlO_2$，与 1 100 ℃煅烧活化相比，$NaAlO_2$ 的特征峰增强，但同时还出现了少量的 Ca_3SiO_5，表明 $Ca(OH)_2$ 和煤灰中的硅可以形成不同化学计量比的硅酸钙。当煅烧温度升高到 1 200 ℃时，活化熟料的矿物相组成发生了明显变化，熟料主要由 Ca_2SiO_4、Na_2CaSiO_4 和 $NaAlO_2$ 组成，而且 $NaAlO_2$ 的特征峰强度比 1 150 ℃活化熟料中的 $NaAlO_2$ 特征峰强度显著增强，而且位于 30.8°处的 $Na_{1.95}Al_{1.95}Si_{0.05}O_4$ 峰转变成了 $NaAlO_2$ 的峰。当煅烧活化的温度提高到 1 250 ℃时，活化熟料的矿物相主要为 Ca_2SiO_4、$NaAlO_2$ 和 $Na_{1.74}Mg_{0.865}Si_{1.135}O_4$，同时还存在少量的 Na_2ZnSiO_4，与 1 200 ℃的活化熟料组成相比，位于 21°处的 $NaAlO_2$ 峰反而消失，Na_2CaSiO_4 则转变成了 $Na_{1.74}Mg_{0.865}Si_{1.135}O_4$，不利于脱除煤灰中的硅。因此，$Ca(OH)_2$ 煅烧活化的最佳温度为 1 200 ℃。文献［188，189］也报道了采用石灰烧结法从霞石中提取氧化铝的合适煅烧温度为 1 200 ℃左右，与本研究的结果一致。

催化气化灰加入 $Ca(OH)_2$ 在 1 200 ℃煅烧活化的过程中可能发生的化学反应[190-191]为：

$$Ca(OH)_2 \longrightarrow CaO+H_2O \tag{7-1}$$

$$2CaO+SiO_2 \longrightarrow Ca_2SiO_4 \tag{7-2}$$

$$CaO+Na_2O+SiO_2 \longrightarrow Na_2CaSiO_4 \tag{7-3}$$

$$NaAlSiO_4 \longrightarrow SiO_2+NaAlO_2 \tag{7-4}$$

7.2.2.2　Ca（OH）$_2$ 配比的影响

采用烧结法从高铝粉煤灰提取氧化铝的过程中，活化剂的配比是影响煅烧活化效果的重要因素[181,192]。为了考察 Ca（OH）$_2$ 配比对催化气化煤灰煅烧活化效果的影响，将 Na_2CO_3 负载量为15%的煤焦气化制得气化灰，向气化灰中分别加入9%、12%、15%和18% Ca（OH）$_2$，混合均匀，在1 200 ℃煅烧1 h，制得活化熟料。采用XRD对活化熟料进行矿物相分析，结果见图7.2。

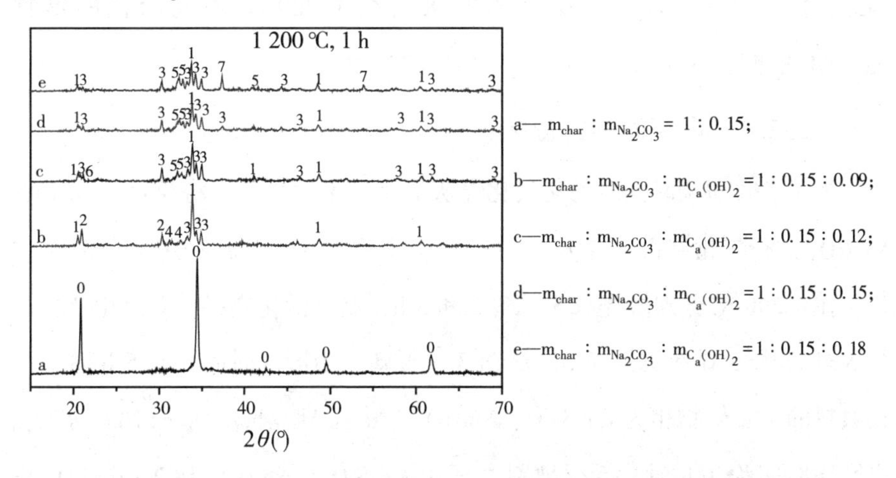

图7.2　Ca（OH）$_2$ 配比对煤焦 Na_2CO_3 催化气化灰煅烧活化的影响

0—$NaAlSiO_4$；1—Na_2CaSiO_4；2—$Na_{1.95}Al_{1.95}Si_{0.05}O_4$；3—$NaAlO_2$；

4—$Na_4Ca_8Si_5O_{20}$；5—Ca_2SiO_4；6—Na_2MgSiO_4；7—CaO

由图可知，当加入9% Ca（OH）$_2$ 时，活化熟料中的主要矿物相为 Na_2CaSiO_4、$Na_{1.95}Al_{1.95}Si_{0.05}O_4$ 和 $NaAlO_2$，同时还有少量的 $Na_4Ca_8Si_5O_{20}$，但 $NaAlO_2$ 的特征峰强度较弱，没有出现 Ca_2SiO_4 的特征峰，表明 Ca（OH）$_2$ 的量不足。当 Ca（OH）$_2$ 配比提高到12%时，活化熟料的矿物

相组成发生了变化，其主要组成为 Na_2CaSiO_4、$NaAlO_2$ 和 Ca_2SiO_4，此外活化熟料中还出现了 Na_2MgSiO_4 的特征峰，与 9% $Ca(OH)_2$ 的活化熟料组成相比，出现了 Ca_2SiO_4 的特征峰，而且 $NaAlO_2$ 峰的强度增强。将 $Ca(OH)_2$ 的添加量进一步提高到 15%时，活化熟料的矿物相组成与添加 12% $Ca(OH)_2$ 时差别不大，但 Ca_2SiO_4 的特征峰有所增强，Na_2CaSiO_4 的特征峰强度稍微减弱，有利于活化熟料中硅的脱除。当继续提高 $Ca(OH)_2$ 的添加量到 18%时，活化熟料则主要由 Na_2CaSiO_4、$NaAlO_2$、Ca_2SiO_4 和 CaO 组成，但是 Na_2CaSiO_4、$NaAlO_2$ 和 Ca_2SiO_4 三种主要物质的峰强度变化不明显，CaO 特征峰的出现表明 $Ca(OH)_2$ 的配比已经过量。因此，负载 15% Na_2CO_3 煤焦的气化灰在 1 200 ℃ 煅烧活化的最佳 $Ca(OH)_2$ 配比为 15%。

7.2.2.3 煅烧时间的影响

为了考察煅烧时间对催化气化煤灰活化效果的影响，将煤焦负载 15% Na_2CO_3 进行气化制得气化灰，向气化灰中添加 15% $Ca(OH)_2$，混合均匀，在 1 200 ℃分别煅烧 0.5、1、2 和 3 h，制备活化熟料，对活化熟料进行 XRD 表征，结果见图 7.3。从图 7.3 可知，当煅烧时间为 0.5 h 时，活化熟料的主要矿物相为 Ca_2SiO_4、$NaAlO_2$、$Na_{1.95}Al_{1.95}Si_{0.05}O_4$ 和 Na_2CaSiO_4。当煅烧时间为 1 h 时，活化熟料主要由 Ca_2SiO_4、$NaAlO_2$ 和 Na_2CaSiO_4 组成，$NaAlO_2$ 的特征峰强度较煅烧 0.5 h 的显著增强，同时 $Na_{1.95}Al_{1.95}Si_{0.05}O_4$ 的特征峰消失。当煅烧时间为 2 h 时，活化熟料中存在的主要物相为 Ca_2SiO_4、$NaAlO_2$ 和 $Na_{1.95}Al_{1.95}Si_{0.05}O_4$，而且 Ca_2SiO_4 和 $NaAlO_2$ 的峰强度明显比煅烧 1 h 的强，但 Na_2CaSiO_4 的特征峰消失。将煅烧时间延长为 3 h 时，活化熟料的组成和煅烧 2 h 的活化熟料组成差别不大。因此，催化气化灰煅烧较佳的活化时间为 2 h。

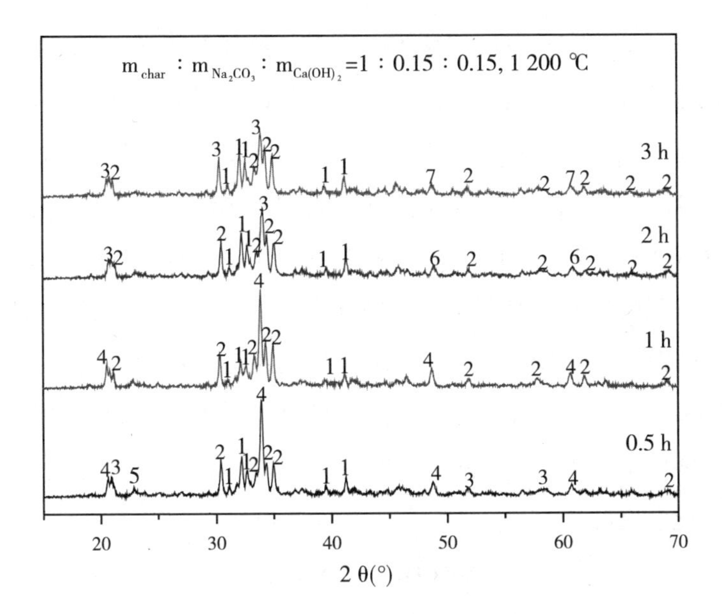

图 7.3　煅烧时间对煤焦 Na_2CO_3 催化气化灰煅烧活化的影响

1—Ca_2SiO_4；2—$NaAlO_2$；3—$Na_{1.95}Al_{1.95}Si_{0.05}O_4$；4—$Na_2CaSiO_4$；

5—Ca_3SiO_5；6—$CaFe_3$（TiO_3）$_4$；7—$Na_{0.68}Al_{0.68}Si_{0.32}O_2$

7.2.2.4　Na_2CO_3 负载量的影响

由前文可知，当钠和钙的质量配比变化时，催化气化灰煅烧活化熟料的矿物相组成会发生变化，因此，钠配比也是催化气化灰煅烧活化的重要影响因素。

为了确定合适的钠配比，将煤焦分别负载 10%、15%和 20% Na_2CO_3，利用固定床催化气化反应装置制备催化气化灰，然后加入相当于煤焦质量 15%的 Ca（OH）$_2$，采用玛瑙研钵混匀后，在 1 200 ℃煅烧活化 2 h，制备活化熟料，对活化熟料进行 XRD 表征，结果见图 7.4。由图 7.4 可知，当负载 10% Na_2CO_3 时，活化熟料中的矿物相主要由 Ca_2SiO_4 和 $Na_{1.95}Al_{1.95}Si_{0.05}O_4$ 组成，没有出现 $NaAlO_2$ 的特征峰，表明 Na_2CO_3 的量不够。当 Na_2CO_3 的负载量提高到 15%时，活化熟料的矿物相主要为

Ca_2SiO_4、$Na_{1.95}Al_{1.95}Si_{0.05}O_4$ 和 $NaAlO_2$，而且熟料中的 $NaAlO_2$ 的特征峰较强，表明水溶性的铝含量较高，有利于氧化铝的提取。当把 Na_2CO_3 的负载量进一步提高到 20%时，活化熟料的矿物相发生了明显变化，主要由 $NaAlO_2$、Na_2CaSiO_4 和 CaO 组成。与负载 15% Na_2CO_3 的活化熟料相比，$NaAlO_2$ 特征峰的强度没有发生明显变化，但 Ca_2SiO_4 转变为 Na_2CaSiO_4，同时出现较强的 CaO 的特征峰，表明加入 Na_2CO_3 的量较大时，钠可以将 Ca_2SiO_4 中的钙置换出来。但 Na_2CaSiO_4 的生成造成了钠的损失，不利于钠催化剂的回收。负载 20% Na_2CO_3 煤焦制备的气化灰在 1 200 ℃煅烧活化的过程中可能发生的化学反应除了（7-1）、（7-2）、（7-3）和（7-4）外，还有如下化学反应：

$$Na_2CO_3 \longrightarrow Na_2CO_3 \quad (7-5)$$

$$Na_2O+Ca_2SiO_4 \longrightarrow Na_2CaSiO_4+CaO \quad (7-6)$$

因此，负载 15% Na_2CO_3 对催化气化灰的煅烧活化效果较好。

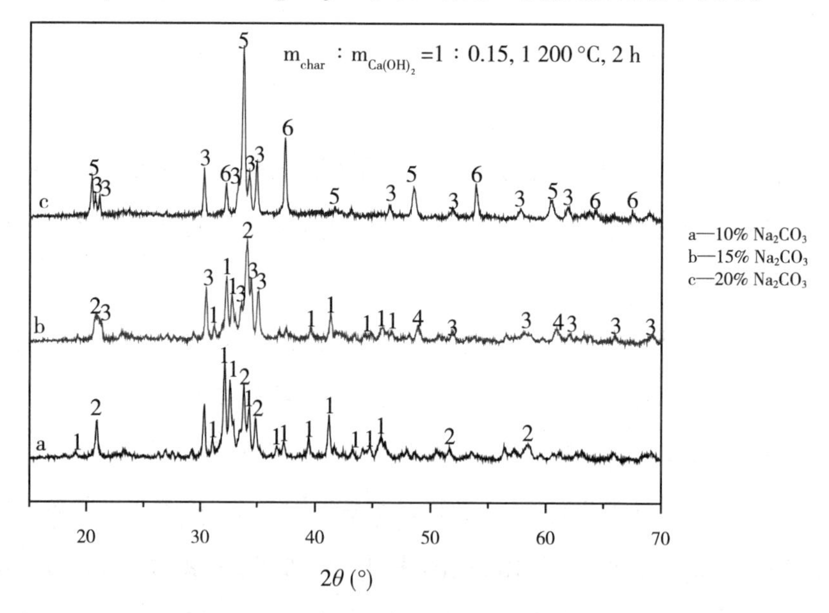

图 7.4　Na_2CO_3 负载量对催化气化灰煅烧活化的影响

1—Ca_2SiO_4；2—$Na_{1.95}Al_{1.95}Si_{0.05}O_4$；3—$NaAlO_2$；4—4 $CaFe_3$（TiO_3）$_4$；5—Na_2CaSiO_4；6—CaO

7.2.3　活化熟料中铝的溶出

粉煤灰提取氧化铝的过程中，活化熟料溶出通常采用酸[193, 194]、碱[195] 和水[196] 作为溶剂。本研究不仅从活化熟料中提取氧化铝，而且还回收钠催化剂。如果采用酸和碱溶解活化熟料，容易在催化剂回收过程中产生副产物，需要净化，增加了催化剂回收成本。因此，本研究采用纯水作为溶剂溶出活化熟料中的铝。

7.2.3.1　溶解时间对熟料中铝溶出率的影响

溶解温度和溶解时间是活化熟料中铝溶出率的重要影响因素，张战军[196] 报道了粉煤灰活化熟料中铝的最佳溶出温度为 70 ℃，所以本实验在 70 ℃溶解活化熟料中的铝，以考察溶解时间的影响。实验结果见图 7.5。

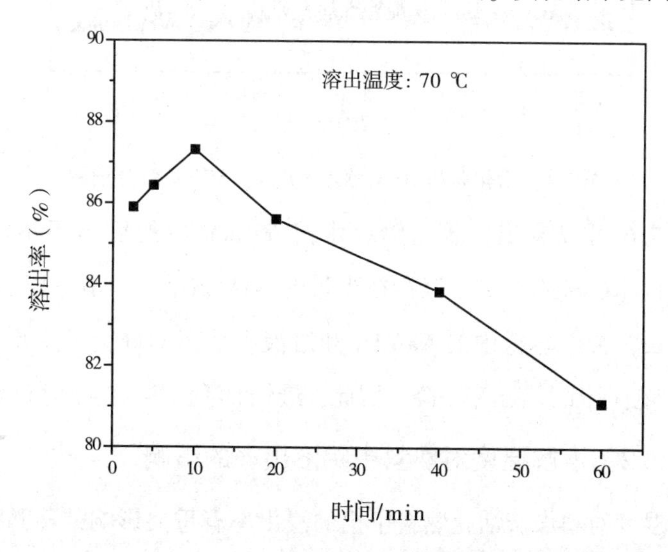

图 7.5　溶解时间对铝溶出率的影响

由图 7.5 可以看出，铝的溶出率随溶解时间的增加先增大后减小，溶解时间为 10 min 时，铝的溶出率达到最大，为 87.32%。当溶解时间超过 10 min 时，活化熟料中铝的溶出率反而下降，可能是由于熟料中的 $NaAlO_2$

和溶液中游离的硅发生反应生成了硅铝酸钠，可能发生如下的化学反应[191, 197, 198]：

$$NaAlO_2+Na_2SiO_3+H_2O \longrightarrow NaAlSiO_4\downarrow+2NaOH \quad (7-7)$$

为了考察溶解时间对铝溶出率的影响，将活化熟料用水溶解 60 min，然后过滤，采用 XRD 测定固体滤渣的矿物相组成，结果如图 7.6 所示。

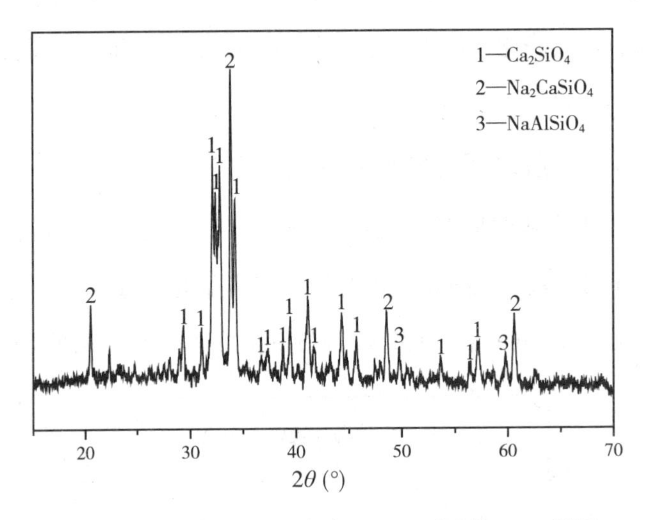

图 7.6　活化熟料 70 ℃水溶 60 min 残渣的 XRD 谱图

由图 7.6 可以看出，活化熟料水溶 60 min 后的固体不溶渣主要由 Ca_2SiO_4 和 Na_2CaSiO_4 组成，但存在少量的 $NaAlSiO_4$，表明活化熟料溶出时间不宜过长，否则熟料中的 $NaAlO_2$ 和溶液中游离的硅会发生反应，生成 $NaAlSiO_4$，使得铝的溶出率下降。因此，最佳的活化熟料溶解时间为 10 min。

7.2.3.2　溶解温度对熟料中铝溶出率的影响

溶解温度对粉煤灰活化熟料中铝的浸出率有重要影响，葛鹏鹏[199]提出 90 ℃为最佳的溶出温度，然而张战军[196]则报道 70 ℃时活化熟料的溶出效果最佳，因此，本研究在 40~90 ℃的温度区间内考察了溶解温度对活化熟料中铝溶出率的影响。图 7.7 显示了溶解温度对熟料中的铝溶出率的影响。由图可知，活化熟料中铝的溶出率随溶解温度的升高先增大后减小，在 60 ℃达到最大值，为 88.46%。当溶解温度大于 60 ℃时，铝的溶出率反而下降。

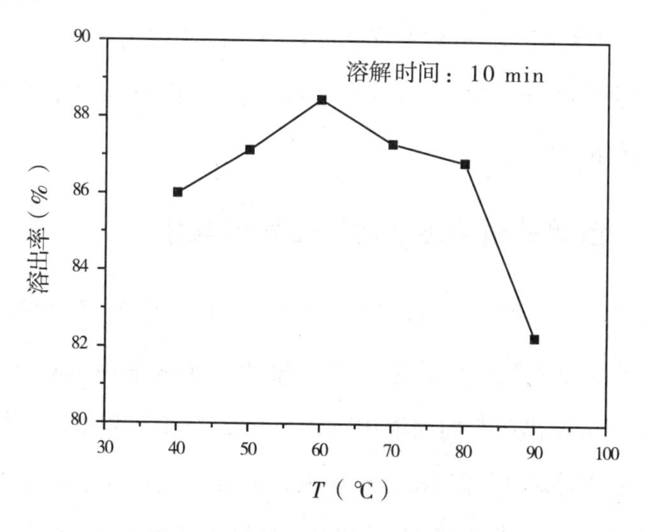

图 7.7　溶解温度对铝浸出率的影响

将活化熟料在 90 ℃水中溶解 10 min，过滤后得到水不溶残渣，将其进行 XRD 表征，结果见图 7.8。

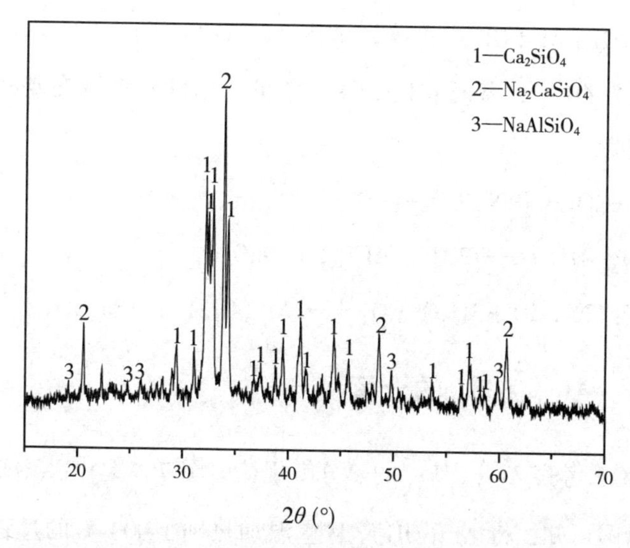

图 7.8　活化熟料 90 ℃水不溶残渣的 XRD 谱图

由图 7.8 可知，水不溶残渣中的主要矿物相为 Ca_2SiO_4 和 Na_2CaSiO_4，同时存在少量的 $NaAlSiO_4$，与活化熟料 70 ℃水溶 60 min 的固体不溶渣的矿物相组成基本相同。当溶解温度超过 60 ℃后，熟料中铝的溶出率下降是由于溶液中的 $NaAlO_2$ 和游离的硅发生反应生成了 $NaAlSiO_4$ 所致。因此，最佳的熟料溶解温度为 60 ℃。

7.2.4 活化熟料溶出液的净化和碳酸化

活化熟料水溶之后，经过滤即可得到 $NaAlO_2$ 粗液，但粗液中含有少量的硅，必须加以脱除。根据文献[196]报道，通常采用饱和石灰水脱除 $NaAlO_2$ 粗液中的游离硅。向粗液中加入少量的饱和石灰水，搅拌 30 min，经过静置，过滤后即可脱除 $NaAlO_2$ 粗液中的硅，得到 $NaAlO_2$ 精液。

关于将 $NaAlO_2$ 精液经过碳酸化制备氢氧化铝已经有大量的研究[200-202]，文献[200]指出碳酸化的最佳温度为 40 ℃，当溶液的 pH 为 4.7 时，Al（OH）$_3$ 沉淀开始生成，pH 为 7.8 时，Al（OH）$_3$ 沉淀开始溶解。为了获得最大的 Al（OH）$_3$ 产率，减少 Al（OH）$_3$ 的损失，本研究采用的碳酸化温度为 40 ℃，溶液 pH 为 6~7 之间。$NaAlO_2$ 精液在碳酸化过程中发生的反应为：

$$2NaOH+CO_2 \longrightarrow Na_2CO_3+H_2O \tag{7-8}$$

$$2NaAlO_2+4H_2O \longrightarrow 2Al(OH)_3\downarrow +2NaOH \tag{7-9}$$

$$\text{总反应：} 2NaAlO_2+3H_2O+CO_2 \longrightarrow 2Al(OH)_3\downarrow +Na_2CO_3 \tag{7-10}$$

7.2.5 Al（OH）$_3$ 的分解

利用 TGA 考察 Al（OH）$_3$ 的热分解规律，图 7.9 是 Al（OH）$_3$ 的热分解曲线。由图可知，将 Al（OH）$_3$ 从室温加热到 1 000 ℃的过程中，主要有三次失重。第一次失重在 30~110 ℃，这是由 Al（OH）$_3$ 失去表面的吸附水所造成的。第二次失重在 110~200 ℃，是 Al（OH）$_3$ 失去内部结合水所致。第三次失重在 500～560 ℃，是 Al（OH）$_3$ 发生脱水反应生成了 Al_2O_3。这与文献[203, 204] 报道的 Al（OH）$_3$ 煅烧分解结果相符。

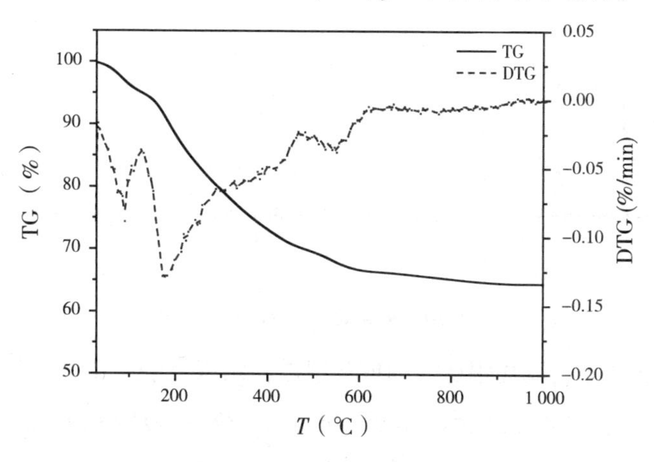

图 7.9　Al（OH）$_3$ 失重曲线

7.2.6　氧化铝产品的表征

7.2.6.1　SEM-EDX 分析

氧化铝产品的 SEM-EDX 表征结果如图 7.10 所示。由图可知，氧化铝产品中仅含有 Al 元素和 O 元素，没有其他元素，表明制备的氧化铝产品纯度较高。

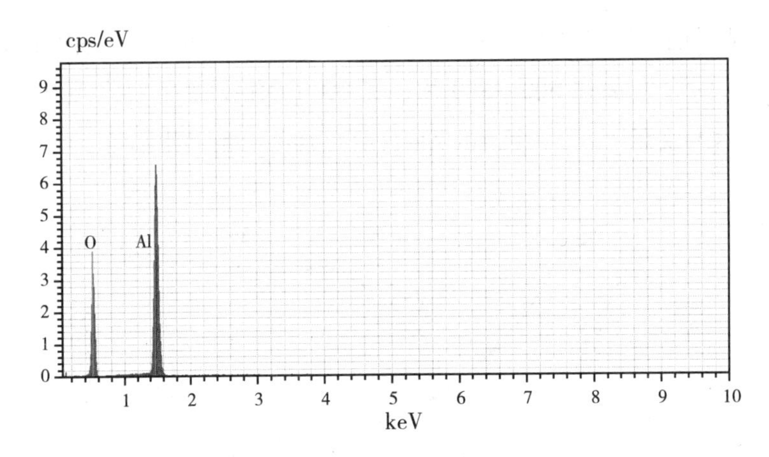

图 7.10　氧化铝产品的 SEM-EDX

采用 ICP 测定氧化铝产品的成分组成，结果见表 7.1。由表 7.1 可知，制备的氧化铝产品纯度较高，符合 GB/T 24487—2009 中 AO-3 级标准。

表 7.1　ICP 分析的氧化铝产品组成（%）

成分	Al_2O_3	SiO_2	Fe_2O_3	Na_2O	灼减
组成（%）	98.86	0.056	0.006 4	0.27	<1.0

7.2.6.3　氧化铝产品的 XRD

采用 XRD 对制备的氧化铝产品进行物相分析，结果见图 7.11。

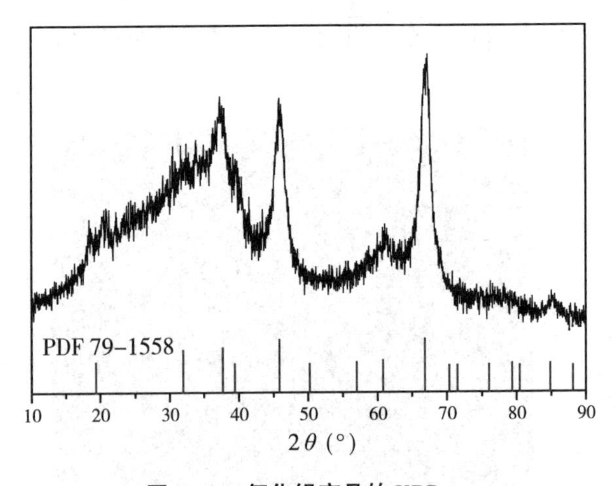

图 7.11　氧化铝产品的 XRD

由图 7.11 可知，制备的氧化铝产品的 XRD 谱图和 PDF 79-1558 标准氧化铝的谱图吻合较好。不过产品中有少量的无定形氧化铝。

7.2.7　提取氧化铝残渣的矿物相组成

为了考察负载 15% Na_2CO_3 的煤焦气化灰经煅烧活化和水溶提取氧化铝之后的残渣矿物相组成，将提取氧化铝残渣进行 XRD 分析，结果见图 7.12。

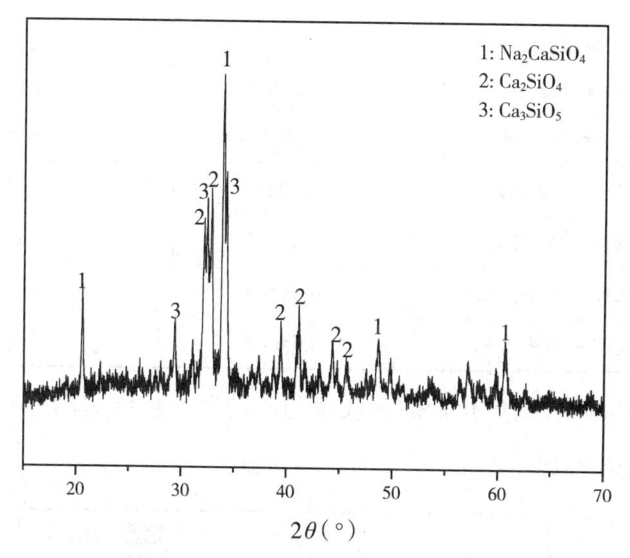

图 7.12　提取氧化铝残渣的 XRD 谱图

由图 7.12 可以看出，提取氧化铝后的残渣主要由 Na_2CaSiO_4、Ca_2SiO_4 和 Ca_3SiO_5 组成，没有含铝矿物相出现，表明催化气化煤灰中的铝可以采用煅烧活化和水溶的方法提取。但提取氧化铝残渣的 XRD 谱图中出现了较强的 Na_2CaSiO_4 峰，说明残渣中存在的 Na_2CaSiO_4 的量较大，而且不溶于水，是造成钠催化剂回收率低的主要原因。

7.2.8　钠催化剂的回收

以负载 15% Na_2CO_3 的煤焦为实验样品，将钠催化剂在气化过程和煅烧活化过程中的质量变化进行衡算。催化气化温度为 800 ℃，煅烧活化条件为：以煤焦质量为基准加入 15% Ca（OH）$_2$，1 200 ℃煅烧 2 h。衡算中钠的量表示钠元素的质量，以 1 g 煤焦质量为基准，衡算结果见表 7.2。由表 7.2 可知，钠催化剂在气化过程中损失 9.7%，在煅烧活化过程中损失 7.3%，烧结法回收钠催化剂的回收率为 63.6%，整个过程中钠的总回收率达到 72%。

表 7.2　钠催化剂的物料衡算（以 1 g 煤焦为基准）

样品	Na/g	Na/%
负载到煤焦中的钠	0.065	100
水洗法回收的钠	0.026	39.5
活化熟料中水溶性的钠	0.021	32.5
活化熟料中水不溶的钠	0.007 2	11
催化气化过程中损失的钠	0.006 3	9.7
煅烧过程中损失的钠	0.004 7	7.3

将水洗法回收钠催化剂的回收率与水洗联合烧结法的回收率进行比较，结果见图 7.13。

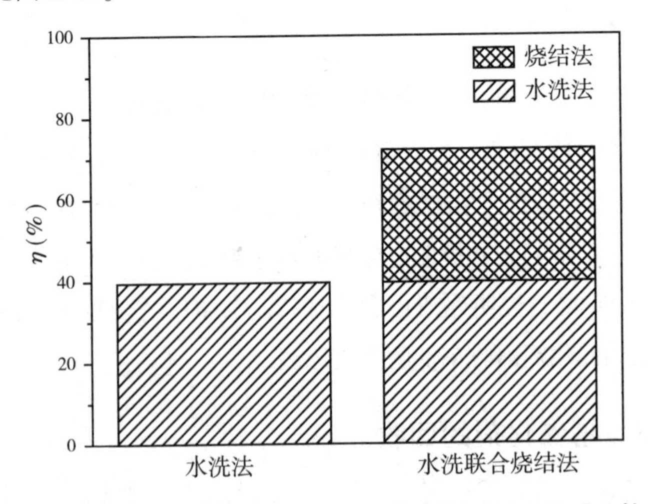

图 7.13　水洗法与水洗联合烧结法回收钠催化剂的回收率比较

由图 7.13 可以看出，水洗联合烧结法回收钠催化剂的回收率明显高于水洗法的回收率，同时在烧结法回收钠催化剂的过程中还提取了一部分氧化铝，因此，水洗联合烧结法回收钠催化剂的方法优于水洗法。

7.3　本章小结

本章采用烧结法从孙家壕高铝煤焦催化气化灰中提取氧化铝，同时回收钠催化剂。得到的主要结论如下：

①采用 $Ca(OH)_2$ 烧结法可以从催化气化煤灰中提取氧化铝同时回收钠催化剂，钠催化剂的回收率达到 63.6%，高于水洗法的回收率。采用水洗联合烧结法回收钠催化剂的总回收率达 72%。

②采用 $Ca(OH)_2$ 烧结法回收钠催化剂时，煅烧活化过程中生成的 Na_2CaSiO_4 是造成钠催化剂回收率低的主要原因。

③采用 $Ca(OH)_2$ 烧结法从高铝煤焦催化气化灰中提取氧化铝，铝的回收率达 88.46%。

参 考 文 献

[1] 汪文生，张静静. 基于 CiteSpace 知识图谱的能源安全研究进展与展望 [J]. 矿业科学学报，2021，6（4）：497-508.

[2] Spencer D. Bp Statistical Review of World Energy [DB/OL]. http：// www. bp. com/statisticalreview，2022-06.

[3] Robert L H，John E G Jr，Richard R L，et al. Catalytic coal gasification：An emerging technology [J]. Science，1982，215（4529）：121-127.

[4] Taylor H S，Neville H A. Catalysis in the interaction of carbon with steam and with carbon dioxide [J]. J. Am. Chem. Soc.，1921（43）：2055-2071.

[5] Popa T，Fan M，Argyle M D，et al. Catalytic gasification of a Powder River Basin coal [J]. Fuel，2013，103：161-170.

[6] Coetzee S，Neomagus H W J P，Bunt J R，et al. Improved reactivity of large coal particles by K_2CO_3 addition during steam gasification [J]. Fuel Processing Technology，2013，114：75-80.

[7] Wood B J，Sancier K M. The mechanism of the catalytic gasification of coal char：A critical review [J]. Catalysis Reviews：Science and Engineering，1984，26（2）：233-279.

[8] 高美琪，王玉龙，李凡. 煤气化过程中钙催化作用的研究进展 [J]. 化工进展，2015，34（3）：715-719.

[9] Siefert N, Shekhawat D, Litster S, et al. Molten catalytic coal gasification with in situ carbon and sulphur capture [J]. Energy & Environmental Science, 2012, 5 (9): 8660-8672.

[10] 朱廷钰, 张守玉, 黄戒介, 等. 氧化钙对流化床煤温和气化半焦性质的影响 [J]. 燃料化学学报, 2000, 28 (1): 40-43.

[11] Domazetis G, Raoarun M, James B D, et al. Molecular modelling and experimental studies on steam gasification of low-rank coals catalysed by iron species [J]. Applied Catalysis A: General, 2008, 340 (1): 105-118.

[12] Domazetis G, James B D, Liesegang J, et al. Experimental studies and molecular modelling of catalytic steam gasification of brown coal containing iron species [J]. Fuel, 2012, 93: 404-414.

[13] Popa T, Fan M, Argyle M D, et al. H_2 and CO_x generation from coal gasification catalyzed by a cost-effective iron catalyst [J]. Applied Catalysis A: General, 2013 (464-465): 207-217.

[14] Kurbatova N A, Elman A R, Bukharkina T V. Application of catalysts to coal gasification with carbon dioxide [J]. Kinetics and Catalysis, 2011, 52 (5): 739-748.

[15] Kodama T, Funatoh A, Shimizu K, et al. Kinetics of metal oxide-catalyzed CO_2 gasification of coal in a fluidized-bed reactor for solar thermochemical process [J]. Energy & Fuels, 2001, 15 (5): 1200-1206.

[16] Kodama T, Funatoh A, Shimizu T, et al. Metal-oxide-catalyzed CO_2 gasification of coal using a solar furnace simulator [J]. Energy & Fuels, 2000, 14 (6): 1323-1330.

[17] Suzuki T, Nakajima S, Watanabe Y. Catalytic activity of rare-earth compounds for the steam and carbon dioxide gasification of coal [J]. Energy

& Fuels, 1988, 2 (6): 848-853.

[18] Hu J, Liu L, Cui M, et al. Calcium-promoted catalytic activity of potassium carbonate for gasification of coal char: The synergistic effect unrelated to mineral matter in coal [J]. Fuel, 2013, 111: 628-635.

[19] Jiang M, Hu J, Wang J. Calcium-promoted catalytic activity of potassium carbonate for steam gasification of coal char: Effect of hydrothermal pretreatment [J]. Fuel, 2013, 109: 14-20.

[20] Monterroso R, Fan M, Zhang F, et al. Effects of an environmentally-friendly, inexpensive composite iron—sodium catalyst on coal gasification [J]. Fuel, 2014, 116: 341-349.

[21] Siefert N S, Shekhawat D, Litster S, et al. Steam-coal gasification using CaO and KOH for in situ carbon and sulfur capture [J]. Energy & Fuels, 2013, 27 (8): 4278-4289.

[22] Sheth A C, Sastry C, Yeboah Y D, et al. Catalytic gasification of coal using eutectic salts: reaction kinetics for hydrogasification using binary and ternary eutectic catalysts [J]. Fuel, 2004, 83 (4-5): 557-572.

[23] Sheth A C, Sastry C, Yeboah Y D, et al. Catalytic gasification of coal using eutectic salts: recovery, regeneration, and recycle of spent eutectic catalysts [J]. Journal of the Air & Waste Management Association, 2003, 53 (4): 451-460.

[24] Sheth A, Yeboah Y D, Godavarty A, et al. Catalytic gasification of coal using eutectic salts: reaction kinetics with binary and ternary eutectic catalysts [J]. Fuel, 2003, 82 (3): 305-317.

[25] 林荣英, 张济宇, 林驹, 等. 以纸浆黑液为催化剂高变质无烟煤热天平水蒸气催化气化动力学 [J]. 燃烧科学与技术, 2007, 13 (6): 491

-497.

[26] 林驹，张济宇，钟雪晴. 黏胶废液对福建无烟煤水蒸气催化气化的动力学和补偿效应 [J]. 燃料化学学报，2009，37（4）：398-404.

[27] 洪诗捷，张济宇，黄文沂，等. 工业废液碱对福建无烟煤水蒸气催化气化的实验室研究 [J]. 燃料化学学报，2002，30（6）：481-486.

[28] Ohtsuka Y，Asami K. Ion-exchanged calcium from calcium carbonate and low-rank coals：high catalytic activity in steam gasification [J]. Energy & Fuels，1996，10（2）：431-435.

[29] McKee D W. Mechanisms of the alkali & metal catalyzed gasification of carbon [J]. Fuel，1983，62（2）：170-175.

[30] Kopyscinski J，Rahman M，Gupta R，et al. K_2CO_3 catalyzed CO_2 gasification of ash-free coal. Interactions of the catalyst with carbon in N_2 and CO_2 atmosphere [J]. Fuel，2014，117：1181-1189.

[31] 冯杰，李文英，谢克昌. 石灰石在煤水蒸气气化中的催化作用 [J]. 太原工业大学学报，1996，27（4）：50-56，60.

[32] Wen W Y. Mechanisms of alkali metal catalysis in the gasification of coal，char，or graphite [J]. Catalysis Reviews：Science and Engineering，1980，22（1）：1-28.

[33] Sancier K M. Effects of catalysts and steam gasification on e. s. r. of carbon black [J]. Fuel，1983，62（3）：331-335.

[34] Chen S G，Yang R T. Unified mechanism of alkali and alkaline earth catalyzed gasification reactions of carbon by CO_2 and H_2O [J]. Energy & Fuels，1997，11（2），421-427.

[35] Kuang J P，Zhou J H，Zhou Z J，et al. Catalytic mechanism of sodium compounds in black liquor during gasification of coal black liquor slurry

[J]. Energy Conversion and Management, 2008, 49 (2): 247-256.

[36] Jalan B P, Rao Y K. A study of the rates of catalyzed Boudouard reaction [J]. Carbon, 1978, 16 (3): 175-184.

[37] Sancier K M. Effects of catalysts and CO_2 gasification on the e. s. r. of carbon black [J]. Fuel, 1984, 63 (5): 679-685.

[38] Lobo L S. Catalytic carbon gasification: Review of observed kinetics and proposed mechanisms or models-highlighting carbon bulk diffusion [J]. Catalysis Reviews: Science and Engineering, 2013, 55 (2): 210-254.

[39] Vuthaluru H B, Domazetis G, Wall T F, et al. Reducing fly ash deposition by pretreatment of brown coal: Effect of aluminium on ash character [J]. Fuel Processing Technology 1996, 46 (2): 117-132.

[40] Kosminski A, Ross D P, Agnew J B. Reactions between sodium and kaolin during gasification of a low-rank coal [J]. Fuel Processing Technology, 2006, 87 (12): 1051-1062.

[41] Kosminski A, Ross D P, Agnew J B. Reactions between sodium and silica during gasification of a low-rank coal [J]. Fuel Processing Technology, 2006, 87 (12): 1037-1049.

[42] Wang X, Zhu H, Wang X, et al. Transformation and reactivity of a potassium catalyst during coal-steam catalytic pyrolysis and gasification [J]. Energy Technology, 2014, 2 (7): 598-603.

[43] Zhang J, Zhang L, Yang Z, et al. Effect of bauxite additives on ash sintering characteristics during the K_2CO_3-catalyzed steam gasification of lignite [J]. RSC Advances, 2015, 5 (9): 6720-6727.

[44] Kim S K, Park C Y, Park J Y, et al. The kinetic study of catalytic low-rank coal gasification under CO_2 atmosphere using MVRM [J]. Journal of

Industrial and Engineering Chemistry, 2014, 20 (1): 356-361.

[45] Zhang Y, Hara S, Kajitani S, et al. Modeling of catalytic gasification kinetics of coal char and carbon [J]. Fuel, 2010, 89 (1): 152-157.

[46] Wang X, Chen J, Hong B, et al. Steam catalytic gasification kinetics of the hohhot coals [J]. Energy Sources, Part A: Recovery, Utilization, and Environmental Effects, 2013, 35 (13): 1277-1283.

[47] 王黎，张占涛，陶铁托. 煤焦催化气化活性位扩展模型的研究 [J]. 燃料化学学报，2006，34 (3): 275-279.

[48] 李伟伟，李克忠，康守国，等. 煤催化气化中非均相反应动力学的研究 [J]. 燃料化学学报，2014，42 (3): 290-296.

[49] 张泽凯，王黎，刘业奎，等. 金属复合催化剂对煤气化的暂态动力学研究 [J]. 燃料化学学报，2004，32 (3): 263-267.

[50] Nahas N C. Exxon catalytic coal gasif ication process: Fundamentals to flowsheets [J]. Fuel, 1983, 62 (2): 239-241.

[51] 王鹏飞，王航，崔龙鹏，等. 新一代煤气化技术展望 [J]. 炼油技术与工程，2014，44 (8): 1-5.

[52] Sue-A-Quan T A, Watkinson A P, Gaikwad R P, et al. Steam gasification in a pressurized spouted bed reactor [J]. Fuel Processing Technology, 1991, 27 (1): 67-81.

[53] Lee J M, Kim Y J, Kim S D. Catalytic coal gasification in an internally circulating fluidized bed reactor with draft tube [J]. Applied Thermal Engineering, 1998, 18 (11): 1013-1024.

[54] Kim Y J, Lee J M, Kim S D. Modeling of coal gasification in an internally circulating fluidized bed reactor with draught tube [J]. Fuel, 2000, 79 (1): 69-77.

[55] 张济宇，陈彦，林驹. 催化气化工业化进程展望 [J]. 煤炭转化，2010，33（4）：90-97.

[56] Lin S, Suzuki Y, Hatano H, et al. Developing an innovative method, HyPr-RING, to produce hydrogen from hydrocarbons [J]. Energy Conversion and Management, 2002, 43: 1283-1290.

[57] Zhang Y, Ashizawa M, Kajitani S, et al. A new approach to catalytic coal gasification: The recovery and reuse of calcium using biomass derived crude vinegars [J]. Fuel, 2010, 89 (2): 417-422.

[58] 陈杰，陈凡敏，王兴军，等. 煤催化气化过程中钾催化剂回收的实验研究 [J]. 化学工程，2012，40（6）：68-71.

[59] Kim Y K, Park J I, Jung D, et al. Low-temperature catalytic conversion of lignite: 2. Recovery and reuse of potassium carbonate supported on perovskite oxide in steam gasification [J]. Journal of Industrial and Engineering Chemistry, 2014, 20 (1): 194-201.

[60] Yuan X, Zhao L, Namkung H, et al. Lab-scale investigations on catalyst recovery of gasified residue collected from the potassium-catalyzed steam gasification process [J]. Fuel Processing Technology, 2016, 141: 44-53.

[61] International Aluminium Institute. Alumina Production [DB/OL]. https://international-aluminium.org/statistics/primary-aluminium-production/, 2023-01.

[62] Liu W, Yang J, Xiao B. Review on treatment and utilization of bauxite residues in China [J]. International Journal of Mineral Processing, 2009, 93 (3-4): 220-231.

[63] 张海坤，胡鹏，姜军胜，等. 铝土矿分布特点、主要类型与勘查开发

现状［J］．中国地质，2021，48（1）：68-81.

［64］李好月，李飞，龚元翔．铝土矿市场行情分析及展望［J］．世界有色金属，2019，(16)：149-152.

［65］刘玉林，程宏伟．我国铝土矿资源特征及综合利用技术研究进展［J］．矿产保护与利用，2022，42（6）：106-114.

［66］张宇娟，张永锋，孙俊民，等．高铝粉煤灰提取氧化铝工艺研究进展［J］．现代化工，2022，42（1）：66-70.

［67］曹君，方莹，范仁东，等．粉煤灰提取氧化铝联产二氧化硅的研究进展［J］．无机盐工业，2015，47（8）：10-13.

［68］徐硕，杨金林，马少健．粉煤灰综合利用研究进展［J］．矿产保护与利用，2021，41（3）：104-111.

［69］王兆锋，冯永军，张蕾娜．粉煤灰农业利用对作物影响的研究进展［J］．山东农业大学学报（自然科学版），2003，34（1）：152-156.

［70］Blanco F，Garcia M P，Ayala J．Variation in fly ash properties with milling and acid leaching［J］．Fuel，2005，84（1）：89-96.

［71］王育伟，祁晓华，李树金，等．粉煤灰提取氧化铝技术的研究进展与应用现状［J］．化工中间体，2015（3）：5-8.

［72］李萃斌，苏达根．循环流化床粉煤灰的组成形貌与性能研究［J］．水泥技术，2010，153（3）：29-30.

［73］赵计辉，王栋民，惠飞，等．矸石电厂循环流化床灰渣特性分析及其资源化利用途径［J］．中国矿业，2014，23（7）：133-138.

［74］Grzymek J．Prof．Grzymek's self-disintegration method for the complex manufacture of aluminum oxide and Portland cement［C］//Proceedings of sessions 105th AIME annual meeting．Las Vegas，Nevada，1976：29-39.

[75] Pedersen H. Improved process for the production of iron from ores: UK 232930 [P]. 1924-04-23.

[76] Pedersen H. Process of manufacturing aluminum hydroxide: US 1618105 [P]. 1927-02-15.

[77] Padilla R, Sohn H Y. Sodium aluminate leaching and desilication in lime-soda sinter process for alumina from coal wastes [J]. Metallurgical Transactions B, 1985, 16: 707-713.

[78] Hignett T P. Production of alumina from clay by a modified pedersen process [J]. Industrial and Engineering Chemistry, 1947, 39 (8): 1052-1060.

[79] Eriksson J, Björkman B. MgO modification of slag from stainless steelmaking [C] //Ⅶ International conference on molten slags fluxes and salts. The South African Institute of Mining and Metallurgy, 2004: 455-460.

[80] Guzzon M, Mapelli C, Memoli F, et al. Recycling of ladle slag in the EAF: improvement of the foaming behavior and decrease of the environmental impact [J]. Revue de Métallurgie, 2007, 104 (4): 171-178.

[81] Archibald F R, Nicholson C M. Alumina from clay by the lime-sinter method Ⅱ [J]. Transactions of the American Institute of Mining and Metallurgical Engineers, 1949, 182: 14-38.

[82] Kayser A. Process of separating alumina from silica: US 708561 [P]. 1902-09-09.

[83] Chesley J A, Burnet G. Sulfate-resistant Portland cement from lime-soda sinter process residue [J]. Mater Res Soc Symp Proc, 1998, (113): 163-171.

[84] Wang M W, Yang J, Ma H W, et al. Extraction of aluminum hydroxide

from coal fly ash by pre-desilication and calcination methods [J]. Adv Mater Res., 2012 (396-398): 706-710.

[85] Bai G H, Teng W, Wang X G, et al. Alkali desilicated coal fly ash as substitute of bauxite in lime-soda sintering process for aluminum production [J]. Trans. Nonferrous Met. Soc. China, 2010, 20 (1): s169-s175.

[86] Goodboy K P. Investigation of a sinter process for extraction of Al_2O_3 from coal wastes [J]. Metallurgical Transactions B, 1976, (7): 716-718.

[87] Seeley F G, McDowell W J, Felker L K, et al. Determination of extraction equilibria for several metals in the development of a process designed to recover aluminum and other metals from coal combustion ash [J]. Hydrometallurgy, 1981, 6 (3-4): 277-290.

[88] Bai G, Teng W, Wang X, et al. Processing and kinetics studies on the alumina enrichment of coal fly ash by fractionating silicon dioxide as nano particles [J]. Fuel Processing Technology, 2010, 91 (2): 175-184.

[89] McDowell W J, Seeley F G. Salt-soda sinter process for recovering aluminum from fly ash: US 4254088 [P]. 1981-03-03.

[90] Decarlo V A, Seeley F G, Canon R M, et al. Evaluation of potential processes for the recovery of resource [R]. Oak Ridge National Laboratory, ORNL/TM-6126, 1978.

[91] Tong Z F, Zou Y F, Li Y J. Roasting activation mechanism of coal fly ash with KF assistant [J]. Chin J Nonferrous Met, 2008, (18): 403-406.

[92] Park H C, Park Y J, Stevens R. Synthesis of alumina from high purity alum derived from coal fly ash [J]. Materials Science and Engineering: A, 2004, 367 (1-2): 166-170.

[93] Yao Z T, Xia M S, Sarker P K, et al. A review of the alumina recovery from coal fly ash, with a focus in China [J]. Fuel, 2014, 120, 74-85.

[94] Kelmers A D, Canon R M, Egan B Z, et al. Chemistry of the direct acid leach, calsinter, and pressure digestion-acid leach methods for the recovery of alumina from fly ash [J]. Resources and Conservation, 1982, 9: 271-279.

[95] Seidel A, Zimmels Y. Mechanism and kinetics of aluminum and iron leaching from coal fly ash by sulfuric acid [J]. Chemical Engineering Science, 1998, 53 (22): 3835-3852.

[96] Shemi A, Mpana R N, Ndlovu S, et al. Alternative techniques for extracting alumina from coal fly ash [J]. Minerals Engineering, 2012, 34: 30-37.

[97] Gudyanga F P, Togara F, Harlen R M. Extraction of alumina from pulverised fly ash: Hwange power station [C] //Africon 92 Proceedings 3rd Africon Conference. IEEE, South Africa, 1992: 77-80.

[98] Verbaan B, Louw G K E. A mass and energy balance model for the leaching of a pulverised fuel ash in concentrated sulphuric acid [J]. Hydrometallurgy, 1989, 21 (3): 305-317.

[99] 侯慧耀, 陈永强, 马保中, 等. 粉煤灰回收氧化铝工艺研究现状及进展 [J]. 矿冶, 2021, 30 (3): 30-39.

[100] 李来时, 翟玉春, 吴艳, 等. 硫酸浸取法提取粉煤灰中氧化铝 [J]. 轻金属, 2006 (12): 9-12.

[101] 杨重愚. 氧化铝生产工艺学: 修订版 [M]. 北京: 冶金工业出版社, 1993.

[102] 袁兵. 准格尔矸石电厂 CFB 灰中提取冶金级氧化铝工艺研究 [D].

长春：吉林大学，2008.

[103] 郭强. 粉煤灰酸法提取氧化铝的工艺研究进展 [J]. 洁净煤技术，2015，21（5）：115-118，122.

[104] Wu C Y, Yu H F, Zhang H F. Extraction of aluminum by pressure acid-leaching method from coal fly ash [J]. Trans. Nonferrous Met. Soc. China, 2012, 22 (9): 2282-2288.

[105] 公明明. 微波强化盐酸浸取粉煤灰工艺过程研究 [D]. 上海：华东理工大学，2011.

[106] 赵剑宇，田凯. 氟铵助溶法从粉煤灰提取氧化铝新工艺的研究 [J]. 无机盐工业，2003，35（4）：40-41.

[107] Liu K, Xue J, Zhu J. Extracting alumina from coal fly ash using acid sintering-leaching process [C] //Symposium on Light Metals/TMS Annual Meeting and Exhibition. Orlando, FL, 2012: 201-206.

[108] Bai G, Qiao Y, Shen B, et al. Thermal decomposition of coal fly ash by concentrated sulfuric acid and alumina extraction process based on it [J]. Fuel Processing Technology, 2011, 92 (6): 1213-1219.

[109] Ji H M, Lu H X, Hao X G, et al. High purity aluminia powders extracted from fly ash by the calcing-leaching process [J]. J Chin Ceram Soc, 2007, 35 (12): 1657-1660.

[110] Matjie R H, Bunt J R, van Heerden J H P. Extraction of alumina from coal fly ash generated from a selected low rank bituminous South African coal [J]. Minerals Engineering, 2005, 18 (3): 299-310.

[111] 范艳青，蒋训雄，汪胜东，等. 粉煤灰硫酸化焙烧提取氧化铝的研究 [J]. 铜业工程，2010，104（2）：34-38.

[112] Mehrotra A K, Behie L A, Bishnoi P R, et al. High-temperature chlo-

rination of coal ash in a fluidized bed. 1. Recovery of aluminum [J]. Ind. Eng. Chem. Process Des. Dev., 1982, 21 (1): 37-44.

[113] 张战军，孙俊民，姚强，等. 从高铝粉煤灰中提取非晶态 SiO_2 的实验研究 [J]. 矿物学报，2007，27 (2): 137-142.

[114] 邬国栋，叶亚平，钱维兰，等. 低温碱溶粉煤灰中硅和铝的溶出规律研究 [J]. 环境科学研究，2006，19 (1): 53-56.

[115] 苏双青，马鸿文，邹丹，等. 高铝粉煤灰碱溶法制备氢氧化铝的研究 [J]. 岩石矿物学杂志，2011，30 (6): 981-986.

[116] Fernández Llorente M J, Carrasco García J E. Comparing methods for predicting the sintering of biomass ash in combustion [J]. Fuel, 2005, 84 (14-15): 1893-1900.

[117] Gilbe C, Lindstrom E, Backman R, et al. Predicting slagging tendencies for biomass pellets fired in residential appliances: A comparison of different prediction methods [J]. Energy & Fuels, 2008, 22 (6): 3680-3686.

[118] 李风海. 流化床气化条件下褐煤结渣特性的基础研究 [D]. 太原：中国科学院山西煤炭化学研究所，2011.

[119] Zhou H, Jin B, Zhong Z, et al. Catalytic coal partial gasification in an atmospheric fluidized bed [J]. Korean Journal of Chemical Engineering, 2007, 24 (3): 489-494.

[120] Zhang F, Xu D, Wang Y, et al. Catalytic CO_2 gasification of a Powder River Basin coal [J]. Fuel Processing Technology, 2015, 130: 107-116.

[121] Kosminski A, Ross D P, Agnew J B. Transformations of sodium during gasification of low-rank coal [J]. Fuel Processing Technology, 2006, 87

(11): 943-952.

[122] Ding L, Zhou Z, Huo W, et al. In situ heating stage analysis of fusion and catalytic effects of a Na_2CO_3 additive on coal char particle gasification [J]. Industrial & Engineering Chemistry Research, 2014, 53 (49): 19159-19167.

[123] Sharma A, Takanohashi T, Saito I. Effect of catalyst addition on gasification reactivity of HyperCoal and coal with steam at 775-700℃ [J]. Fuel, 2008, 87 (12): 2686-2690.

[124] Kopyscinski J, Lam J, Mims C A, et al. K_2CO_3 catalyzed steam gasification of ash-free coal. Studying the effect of temperature on carbon conversion and gas production rate using a drop-down reactor [J]. Fuel, 2014, 128 (3): 210-219.

[125] 齐立强, 阎维平, 原永涛, 等. 高铝煤混燃飞灰电除尘特性的试验研究 [J]. 动力工程, 2006, 26 (4): 572-575, 591.

[126] 王丽娜, 李治钢. 对混燃高铝煤提高除尘效率的分析探讨 [J]. 科技信息, 2010 (1): 281, 275.

[127] Takarada T, Tamai Y, Tomita A. Reactivities of 34 coals under steam gasification [J]. Fuel, 1985, 64 (10): 1438-1442.

[128] Schmal M, Montelro J L F, Castellan J L. Kinetics of Coal Gasification [J]. Ind. Eng. Chem. Process Des. Dev. , 1982, 21 (2): 256-266.

[129] Wang J, Jiang M, Yao Y, et al. Steam gasification of coal char catalyzed by K_2CO_3 for enhanced production of hydrogen without formation of methane [J]. Fuel, 2009, 88 (9): 1572-1579.

[130] Li S, Cheng Y. Catalytic gasification of gas-coal char in CO_2 [J]. Fuel, 1995, 74 (3): 456-458.

[131] Hattingh B B, Everson R C, Neomagus H W J P, et al. Assessing the catalytic effect of coal ash constituents on the CO_2 gasification rate of high ash, South African coal [J]. Fuel Processing Technology, 2011, 92 (10): 2048-2054.

[132] Nowicki P, Pietrzak R, Wachowska H. Comparison of physicochemical properties of nitrogen-enriched activated carbons prepared by physical and chemical activation of brown coal [J]. Energy & Fuels, 2008, 22 (6): 4133-4138.

[133] Wu F, Tseng R, Hu C, et al. The capacitive characteristics of activated carbons—comparisons of the activation methods on the pore structure and effects of the pore structure and electrolyte on the capacitive performance [J]. Journal of Power Sources, 2006, 159 (2): 1532-1542.

[134] Wu H, Hayashi J, Chiba T, et al. Volatilisation and catalytic effects of alkali and alkaline earth metallic species during the pyrolysis and gasification of Victorian brown coal. Part Ⅴ. Combined effects of Na concentration and char structure on char reactivity [J]. Fuel, 2004, 83 (1): 23-30.

[135] Morga R, Jelonek I, Kruszewska K, et al. Relationships between quality of coals, resulting cokes, and micro-Raman spectral characteristics of these cokes [J]. International Journal of Coal Geology, 2015 (144-145): 130-137.

[136] Li X, Hayashi J, Li C. FT-Raman spectroscopic study of the evolution of char structure during the pyrolysis of a Victorian brown coal [J]. Fuel, 2006, 85 (12-13): 1700-1707.

[137] Qi X, Guo X, Xue L, et al. Effect of iron on Shenfu coal char structure

and its influence on gasification reactivity [J]. Journal of Analytical and Applied Pyrolysis, 2014, 110 (38): 401-407.

[138] Guo X, Tay H L, Zhang S, et al. Changes in Char Structure during the Gasification of a Victorian Brown Coal in Steam and Oxygen at 800℃ [J]. Energy & Fuels, 2008, 22 (6): 4034-4038.

[139] Wang M, Roberts D G, Kochanek M A, et al. Raman Spectroscopic Investigations into Links between Intrinsic Reactivity and Char Chemical Structure [J]. Energy & Fuels, 2014, 28 (1): 285-290.

[140] Tay H, Kajitani S, Zhang S, et al. Effects of gasifying agent on the evolution of char structure during the gasification of Victorian brown coal [J]. Fuel, 2013, 103 (4): 22-28.

[141] Chang S, Zhuo J, Meng S, et al. Clean Coal Technologies in China: Current Status and Future Perspectives [J]. Engineering, 2016, 2 (4): 447-459.

[142] Xie K. Reviews of Clean Coal Conversion Technology in China: Situations & Challenges [J]. Chinese Journal of Chemical Engineering, 2021, 35: 62-69.

[143] Yan Q, Huang J, Zhao J, et al. Investigation into the Kinetics of Pressurized Steam Gasification of Chars with Different Coal Ranks [J]. Journal of Thermal Analysis and Calorimetry, 2014, 116 (1): 519-527.

[144] Sharma A, Saito I, Takanohashi T. Catalytic Steam Gasification Reactivity of HyperCoals Produced from Different Rank of Coals at 600-775 ℃ [J]. Energy & Fuels, 2008, 22 (6): 3561-3565.

[145] Kopyscinski J, Schildhauer T J, Biollaz S M A. Production of Synthetic Natural Gas (SNG) from Coal and Dry Biomass—A Technology Review

from 1950 to 2009 [J]. Fuel, 2010, 89 (8): 1763-1783.

[146] Li W, Yu Z, Guan G. Catalytic Coal Gasification for Methane Production: A Review [J]. Carbon Resources Conversion, 2021, 4: 89-99.

[147] Zubek K, Czerski G, Porada S. Comparison of Catalysts Based on Individual Alkali and Alkaline Earth Metals with Their Composites Used for Steam Gasification of Coal [J]. Energy & Fuels, 2017, 32 (5): 5684-5692.

[148] Nzihou A, Stanmore B, Sharrock P. A review of catalysts for the gasification of biomass char, with some reference to coal [J]. Energy, 2013, 58 (7): 305-317.

[149] Ding L, Zhou Z, Guo Q, et al. Catalytic Effects of Na_2CO_3 Additive on Coal Pyrolysis and Gasification [J]. Fuel, 2015, 142: 134-144.

[150] Jiang M, Zhou R, Hu J, et al. Calcium-promoted Catalytic Activity of Potassium Carbonate for Steam Gasification of Coal Char: Influences of Calcium Species [J]. Fuel, 2012, 99: 64-71.

[151] Wang J, Yao Y, Cao J, et al. Enhanced Catalysis of K_2CO_3 for Steam Gasification of Coal Char by Using Ca $(OH)_2$ in Char Preparation [J]. Fuel, 2010, 89 (2): 310-317.

[152] Wang Y, Wang Z, Huang J, et al. Investigation into the Characteristics of Na_2CO_3-catalyzed Steam Gasification for a High-aluminum Coal Char [J]. Journal of Thermal Analysis and Calorimetry, 2018, 131 (2): 1213-1220.

[153] Wang Y, Wang Z, Huang J, et al. Catalytic Gasification Activity of Na_2CO_3 and Comparison with K_2CO_3 for a High-aluminum Coal Char [J]. Energy & Fuels, 2015, 29 (11): 6988-6998.

[154] Mei Y, Wang Z, Bai J, et al. Mechanism of Ca Additive Acting as a Deterrent to Na_2CO_3 Deactivation during Catalytic Coal Gasification [J]. Energy & Fuels, 2019, 33 (2): 938-945.

[155] 王永伟，黄戒介. 水洗法回收高铝煤焦催化气化催化剂的实验研究[J]. 现代化工，2019，39 (5)：160-163，165.

[156] 李润，周敏，王珊. 灰分和气化温度对胜利褐煤煤焦 CO_2 气化反应性和结构特性的影响 [J]. 煤炭转化，2020，43 (6)：26-32.

[157] 李文广. 矿物质对高硫炼焦煤配煤热解焦炭反应性及硫含量的影响[D]. 太原：太原理工大学，2021.

[158] 孟磊，周敏，王芬. 煤催化气化催化剂研究进展 [J]. 煤气与热力，2010，30 (4)：18-22.

[159] 李珊. 煤催化气化催化剂发展现状及研究展望 [J]. 化学工业与工程技术，2013，34 (5)：10-15.

[160] 孙雪莲，王黎，张占涛. 煤气化复合催化剂研究及机理探讨 [J]. 煤炭转化，2006，29 (1)：15-18.

[161] Yuh S J, Wolf E E. Kinetic and FT-i. r. studies of the sodium-catalysed steam gasification of coal chars [J]. Fuel, 1984, 63 (11): 1604-1609.

[162] Gomez-Serrano V, Pastor-Villegas J, Perez-Florindo A, et al. FT-IR study of rockrose and of char and activated carbon [J]. Journal of Analytical and Applied Pyrolysis, 1996, 36 (1): 71-80.

[163] 董庆年，靳国强，陈学艺. 红外发射光谱法用于煤化学研究 [J]. 燃料化学学报，2000，28 (2)：138-141.

[164] 辛海会，王德明，许涛，等. 低阶煤低温热反应特性的原位红外研究[J]. 煤炭学报，2011，36 (9)：1528-1532.

[165] Lin X, Wang C, Ideta K, et al. Insights into the functional group transformation of a chinese brown coal during slow pyrolysis by combining various experiments [J]. Fuel, 2014, 118 (11): 257-264.

[166] 芦海云，陈爱国，郜丽娟，等. 热重-红外联用研究上湾煤中低温热解行为 [J]. 煤炭转化，2015，38 (3): 32-35.

[167] Niu Z, Liu G, Yin H, et al. Investigation of mechanism and kinetics of non-isothermal low temperature pyrolysis of perhydrous bituminous coal by in-situ FTIR [J]. Fuel, 2016, 172: 1-10.

[168] 齐学军，宋文武，刘亮. Fe 对胜利褐煤焦结构和气化反应性能的影响 [J]. 燃料化学学报，2015，43 (5): 554-559.

[169] Walker P L, Matsumoto J S, Hanzawa T, et al. Catalysis of gasification of coal-derived cokes and chars [J]. Fuel, 1983, 62 (2): 140-149.

[170] Huhn F, Klein J, Jüntgen H. Investigations on the alkali-cataysed steam gasification of coal: Kinetics and interactions of alkali catalyst with carbon [J]. Fuel, 1983, 62 (2): 196-199.

[171] Karimi A, Gray M R. Effectiveness and mobility of catalysts for gasification of bitumen coke [J]. Fuel, 2011, 90 (1): 120-125.

[172] Wang J, Sakanishi K, Saito I. High-yield hydrogen production by steam gasification of hypercoal (ash-free coal extract) with potassium carbonate: comparison with raw coal [J]. Energy & Fuels, 2005, 19 (5): 2114-2120.

[173] Ding L, Zhang Y, Wang Z, et al. Interaction and its induced inhibiting or synergistic effects during co-gasification of coal char and biomass char [J]. Bioresour Technology, 2014, 173: 11-20.

[174] 李宝霞，张济宇. 无烟粉煤催化气化含碱灰渣的煅烧脱碱 [J]. 化工

学报, 2006, 57 (11): 2616-2623.

[175] 王兴军, 陈凡敏, 刘海峰, 等. 煤水蒸气气化过程中钾催化剂与矿物质的相互作用 [J]. 燃料化学学报, 2013, 41 (1): 9-13.

[176] Wu S, Huang S, Wu Y, et al. Characteristics and catalytic actions of inorganic constituents from entrained-flow coal gasification slag [J]. Journal of the Energy Institute, 2015, 88 (1): 93-103.

[177] 张战军, 孙俊民, 姚强, 等. 从高铝粉煤灰中提取非晶态 SiO_2 的实验研究 [J]. 矿物学报, 2007, 27 (2): 137-142.

[178] 薛冰, 孙培梅, 童军武, 等. 从粉煤灰中提取氧化铝烧结过程铝硅反应行为的研究 [J]. 湖南有色金属, 2008, 24 (3): 9-14.

[179] 佟志芳, 邹燕飞, 李英杰. 从粉煤灰提取铝铁新工艺研究 [J]. 轻金属, 2009 (1): 13-16.

[180] 李来时. 粉煤灰中提取氧化铝研究新进展 [J]. 轻金属, 2011 (11): 12-16.

[181] Li H, Hui J, Wang C, et al. Extraction of alumina from coal fly ash by mixed - alkaline hydrothermal method [J]. Hydrometallurgy, 2014 (147-148): 183-187.

[182] 吕梁, 侯浩波. 粉煤灰性能与利用 [M]. 北京: 中国电力出版社, 1998.

[183] 曾国栋. 处理中低品位高硫铝土矿生产新工艺: 两段烧结法研究 [D]. 贵阳: 贵州大学, 2008.

[184] 张然, 马淑花, 崔龙鹏, 等. 碱法回收铝硅酸盐废渣中氧化铝的研究进展 [J]. 过程工程学报, 2014, 14 (3): 516-526.

[185] Guo Y, Yan K, Cui L, et al. Effect of Na_2CO_3 additive on the activation of coal gangue for alumina extraction [J]. International Journal of Miner-

al Processing, 2014, 131: 51-57.

[186] 刘能生, 彭金辉, 张利波, 等. 高铝粉煤灰硫酸铵与碳酸钠焙烧活化对比研究 [J]. 昆明理工大学学报 (自然科学版), 2016, 41 (1): 1-6.

[187] 刘康. 霞石烧结法的工艺研究 [D]. 昆明: 昆明理工大学, 2008.

[188] 左以专, 亢树勋. 霞石综合利用考察报告: 俄国阿钦斯克氧化铝联合企业烧结法处理霞石生产现状 [J]. 云南冶金, 1993 (3): 38-48.

[189] 吴晓华. 霞石生产氧化铝的研究进展 [J]. 世界有色金属, 2014 (12): 46-47.

[190] 翟双猛, 费英伟, 杨树锋, 等. $NaAlSiO_4$ 高温高压相变及产物的 X 射线衍射研究 [J]. 矿物学报, 2005, 25 (1): 45-49.

[191] Tutti F, Dubrovinsky L S, Saxena S K. High pressure phase transformation of jadeite and stability of $NaAlSiO_4$ with calcium-ferrite type structure in the lower mantle conditions [J]. Geophysical Research Letters, 2000, 27 (14): 2025-2028.

[192] Bai G, Teng W, Wang X, et al. Alkali desilicated coal fly ash as substitute of bauxite in lime-soda sintering process for aluminum production [J]. Transactions of Nonferrous Metals Society of China, 2010 (20): 169-175.

[193] 任根宽. 酸浸粉煤灰提取铝铁工艺研究 [J]. 轻金属, 2011 (7): 27-30.

[194] 林桢楠. 对活化后粉煤灰铁铝元素浸出率影响因素研究 [J]. 化学工程师, 2015, 239 (8): 65-67.

[195] 符秀锋, 徐本军, 黄彩娟. 微波碱溶法从粉煤灰中浸出硅、铝的试

验研究［J］. 湿法冶金，2014，33（3）：196-198.

［196］张战军. 从高铝粉煤灰中提取氧化铝等有用资源的研究［D］. 西安：西北大学，2007.

［197］Akaogi M, Tanaka A, Kobayashi M, et al. High-pressure transformations in $NaAlSiO_4$ and thermodynamic properties of jadeite, nepheline, and calcium ferrite-type phase［J］. Physics of the Earth and Planetary Interiors, 2002, 130（1-2）：49-58.

［198］Imada S, Hirose K, Ohishi Y. Stabilities of NAL and Ca-ferrite-type phases on the join $NaAlSiO_4$-$MgAl_2O_4$ at high pressure［J］. Physics and Chemistry of Minerals, 2011, 38（7）：557-560.

［199］葛鹏鹏. 碱溶法从粉煤灰中提取氧化铝工艺研究［D］. 南京：南京工业大学，2011.

［200］上官正，王晓峰. 碳分法制取高纯氢氧化铝微粉［J］. 中南矿冶学院学报，1994，24（2）：182-185.

［201］季惠明，吴萍，张周，等. 利用粉煤灰制备高纯氧化铝纳米粉体的研究［J］. 地学前缘，2005，12（1）：220-224.

［202］丁宏娅，马鸿文，王蕾，等. 利用高铝粉煤灰制备氢氧化铝的实验［J］. 现代地质，2006，20（3）：405-408.

［203］张晓云，马鸿文，王军玲. 利用高铝粉煤灰制备氧化铝的实验研究［J］. 中国非金属矿工业导刊，2005，48（4）：27-30.

［204］徐子芳，张明旭，李新运. 用低温煅烧法从粉煤灰中提取纳米 Al_2O_3 和 SiO_2［J］. 非金属矿，2009，32（1）：27-30.